統計スポットライト・シリーズ 2

編集幹事 島谷健一郎・宮岡悦良

ポアソン分布・ポアソン回帰・ポアソン過程

島谷健一郎 著

近代科学社

◆ 読者の皆さまへ ◆

平素より，小社の出版物をご愛読くださいまして，まことに有り難うございます．

㈱近代科学社は1959年の創立以来，微力ながら出版の立場から科学・工学の発展に寄与すべく尽力してきております．それも，ひとえに皆さまの温かいご支援があってのものと存じ，ここに衷心より御礼申し上げます．

なお，小社では，全出版物に対してHCD（人間中心設計）のコンセプトに基づき，そのユーザビリティを追求しております．本書を通じまして何かお気づきの事柄がございましたら，ぜひ以下の「お問合せ先」までご一報くださいますよう，お願いいたします．

お問合せ先：reader@kindaikagaku.co.jp

なお，本書の制作には，以下が各プロセスに関与いたしました：

・企画：小山　透
・編集：安原悦子，高山哲司
・組版 (LaTeX)・印刷・製本・資材管理：藤原印刷
・カバー・表紙デザイン：藤原印刷
・広報宣伝・営業：冨髙琢磨，山口幸治，東條風太

統計スポットライト・シリーズ
刊行の辞

　データを観る目やデータの分析への重要性が高まっている今日，統計手法の学習をする人がしばしば直面する問題として，次の3つが挙げられます．

1. 統計手法の中で使われている数学を用いた理論的側面
2. 実際のデータに対して計算を実行するためのソフトウェアの使い方
3. 数学や計算以前の，そもそもの統計学の考え方や発想

統計学の教科書は，どれもおおむね以上の3点を網羅していますが，逆にそのために個別の問題に対応している部分が限られ，また，分厚い書籍の中のどこでどの問題に触れているのか，初学者にわかりにくいものとなりがちです．

　この「統計スポットライト・シリーズ」の各巻では，3つの問題の中の特定の事項に絞り，その話題を論じていきます．

　1は，統計学（特に，数理統計学）の教科書ならば必ず書いてある事項ですが，統計学全般にわたる教科書では，えてして同じような説明，同じような流れになりがちです．通常の教科書とは異なる切り口で，統計の中の特定の数学や理論的背景に着目して掘り下げていきます．

　2は，ともすれば答え（数値）を求めるためだけに計算ソフトウェアを使いがちですが，それは計算ソフトウェアの使い方として適切とは言えません．実際のデータを統計解析するために計算ソフトウェアをどう使いこなすかを提示していきます．

　3は，データを手にしたとき最初にすべきこと，データ解析で意識しておくべきこと，結果を解釈するときに肝に銘じておきたいこと，その後の解析を見越したデータ収集，等々，統計解析に従事する上で必要とされる見方，考え方を紹介していきます．

一口にデータや統計といっても，それは自然科学，社会科学，人文科学に渡って広く利用されています．各研究者が主にどの分野に身を置くかや，どんなデータに携わってきたかにより，統計学に対する価値観や研究姿勢は大きく異なります．あるいは，データを扱う目的が，真理の発見や探求なのか，予測や実用目的かによっても異なってきます．

本シリーズはすべて，本文と右端の傍注という構成です．傍注には，本文の補足などに加え，研究者の間で意見が分かれるような，著者個人の主張や好みが混じることもあります．あるいは，最先端の手法であるが故に議論が分かれるものもあるかもしれません．

そうした統計解析に関する多様な考え方を知る中で，読者はそれぞれ自分に合うやり方や考え方をみつけ，それに準じたデータ解析を進めていくのが妥当なのではないでしょうか．統計学および統計研究者がはらむ多様性も，本シリーズの目指すところです．

編集委員　島谷健一郎・宮岡悦良

序

データの統計解析では確率分布が中心的役割を担う．そのため，統計学や確率・統計の教科書の多くが，よく使われる確率分布について順に説明しており，ポアソン分布も 2 項分布などに続いて紹介されている．ところで，初めてポアソン分布が書いてあるページを読んだとき，そこで何とはなしに違和感を抱いた人は，著者を含め少なくないのではなかろうか．

2 項分布には，その直観的な意味の説明が伴っている．その数式の導き方も，高校数学で追うことができる．一方，ポアソン分布には，それらがない．数式も複雑である．しかも，後々の統計解析では主に正規分布が使われ，ポアソン分布は必要ない．いつしかポアソン分布は忘れられるが，それで統計学の入門書を読破するのに特に支障はない．

そんなポアソン分布が，実際のデータを分析していると，思わぬところで登場する．そのひとつが，交通事故の件数やクマの目撃回数など，1 回，2 回，... というカウントデータの解析である．今一つは，ランダムな点配置の作成である．

最近の統計解析ソフトは，ポアソン分布を基にした統計解析を実行してくれるので，数値結果を得ることはできる．しかし，それを吟味し何らかの結論や意思決定を下す段になり，地に足の着いていないような不安を覚える．統計ソフトはポアソン分布を用いる解析をしているのだが，その数理の基本となっているポアソン分布がわかっていない．名前は知っていても，上記のような違和感を抱いたままになっている．そのため，パソコンの中の計算過程がブラックボックスと化してしまう．当然のことながら，パソコンの画面に示されている統計解析結果を吟味し解釈を与えようにも，自信を持てない．

本書の目的は，ポアソン分布を，その起源から徹底的に学習し，こうした不安感を一網打尽に取り除いてしまおうというものである．

要となるのは，「ランダムな点配置の点の個数や，ランダムに起こるイベントの回数を数えると，自然にポアソン分布が現れる」，この一点の理解に尽きる．これ自体は多くの統計学の教科書に数式による証明や解説がある．しかし，数式を追うだけで違和感や不安感を払拭できるものではない．本書では，まずパソコンの計算ソフトでシミュレーションを行い，実際にポアソン分布が現れる場面を実体験する．それから数式による導出も行う．大切なのは自分のパソコンで実際にランダムな点配置やランダムなイベントの個数を数え，体験的にポアソン分布を理解するところにある．

パソコンと計算ソフトは，面倒な計算をしてくれるだけではない．数式だけでは理解できない数学を，実体験的に理解する学習目的にも活用できる．

本書は，少し長い序章から始まる．本書の構成はその中で改めて説明することにし，まず，序章へ入ってほしい．

2017 年 9 月

島谷健一郎

注 1．統計学の用語には，本書における重要度に応じて英訳を付けるか，太字で表記している．

目　次

3 ポアソン回帰モデルと赤池情報量規準 (AIC)

4 AIC の根拠をシミュレーションで納得する

5 空間点過程モデルの第 1 歩：非定常ポアソン過程

0 序章

0.1 意外と難しいランダムな点配置の作成

「10×10 の正方形の中に密度 1.0 でランダムに点を配置した図を作りなさい」.

こう言われたら，かつては紙に書いた 1 辺 10 cm の正方形の上に鉛筆でテキトウに 100 個の印をつけて，「はい，できました」と言ったりした．もちろん，何も考えていないつもりでも，人のすることが本当にランダムかどうか疑わしい．その点，今のパソコンで動かせる計算ソフトには，0 と 1 の間の一様な乱数を発生させる機能が付いている[1)]．それを使って x 座標と y 座標を与えれば，好きな個数のランダムな点配置を作ることができる．

図 0.1a は[2)]，一辺 10 の正方形（面積は 100）に 100 個の点をランダムに配置させた例である．単位面積当りの点の個数の平均は密度 (density) と呼ばれるから，図 0.1a は，密度 1.0 のランダムな点配置となっているはずである．

ところで，密度 1.0 のランダムな点配置では，点の個数は 100 でなければならないのだろうか．例えば，101 個や 99 個ではダメなのだろうか．

図 0.1a は密度 1.0 のランダムな点配置のはずである．ところが，この左半分だけ見てみると（図 0.1b），そこには 47 個の点しかない．すると，そこの面積は 50 だから，この部分での密度は $47/50 = 0.94$ と言いたくなる．ということは，左半分では密度は 1.0 ではなく，「左半分は密度 0.94，右半分は密度 1.06」なのだろうか．それでも，「全体としての密度は 1.0」と言えるのだろうか．それとも，密度 1.0 であるためには，もっと注意して，左右それぞれ 50 個ずつになるよ

1) 計算ソフトに入っている「乱数発生ツール」で生成できるのは，厳密には擬似乱数と呼ばれるものである場合が多い．ただ本書で取り上げる程度の統計解析では擬似乱数でほぼ十分なので，擬似乱数を用いた計算でも「乱数」と表現する．

2) 本書ではマイクロソフト社の表計算ソフト・エクセルを用いた計算法を随所で示すが，このソフトを推奨するわけではない．単に今日ほとんどすべてのパソコンに入っていて，ほとんどすべての人が使える状態にあるからである．

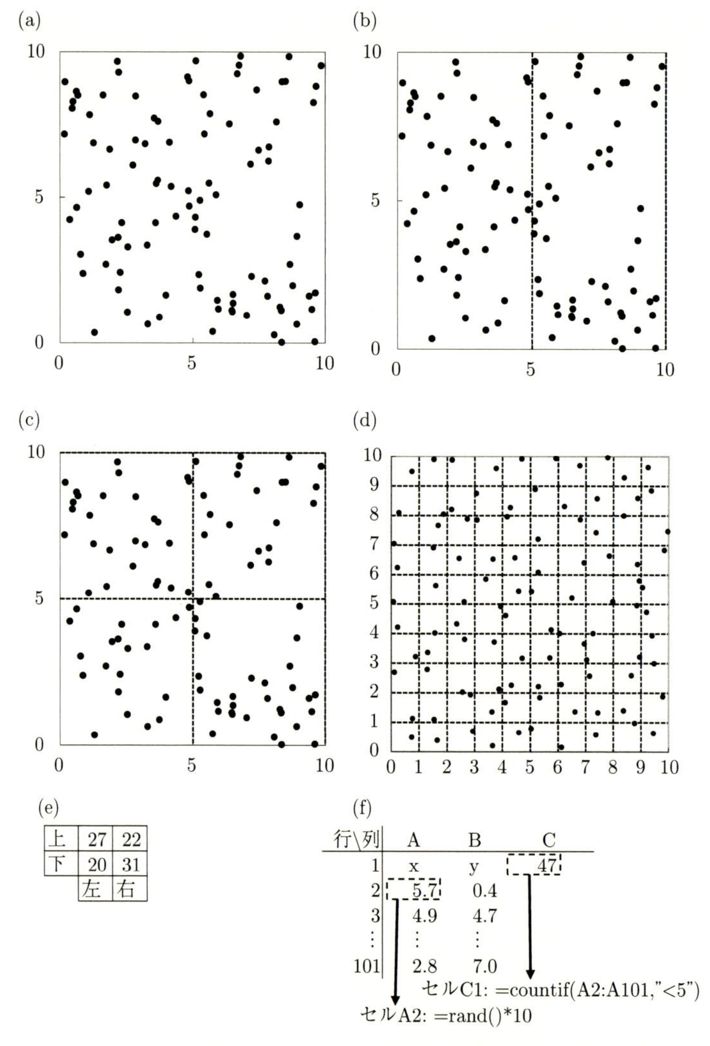

図 0.1 ランダムな点配置の例．(a) 一辺 10 の正方形の中の 100 個のランダムな点配置の例．(b) 左半分だけに限ると 47 個しか点がない．(c) 全体を 4 等分してみると，25 個ずつにはなっていない．下の表 (e) に 4 つの小正方形内の点の個数を示した．(d) どの一辺 1 の小正方形にも 1 個ずつ入るような点配置の例．(f) (a)–(c) の点配置を作るための表計算ソフト・エクセルファイルの例．0 と 1 の間の一様な乱数 (=rand()) を 10 倍して 0 と 10 の間の乱数を生成する数式をセル A2 に入力し，コピーしてセル B101 まで貼り付ける．セル C1 で左半分に入っている点を数えている．

う配置させないといけないのだろうか.

もしそれが正しいとすると，全体を1辺5の4つの小正方形に分割したら，それぞれに25個ずつの点がないといけないように思える．もちろん，図0.1の例ではそうなっていない（図0.1c, e）．しかし，この発想を突き詰めていくと，全体を1辺1の100個の小正方形に分割したら，それぞれに1個ずつ点が入ってほしくなる．でもそんな点配置を作ってみると（図0.1d），これはすべての小正方形に1個ずつ点が入るよう“意識して”作った点配置であって，ランダムな点配置とは言えない気がしてくる.

そもそも，密度は小数もとれる．そうすると，例えば密度0.1の点配置を面積25の正方形の上に作るには $0.1 \times 25 = 2.5$ 個の点を作らないといけないが，それは無理というものである.

0.2 ランダムな点配置の作成マニュアル

本書を執筆している2017年現在，普通に「ランダムな点配置」を作りなさいと言われたら，その作成マニュアルは以下のようになっている.

辺の長さが a と b の長方形（面積を $ab = A$ とする）の中の密度 r のランダムな点配置の作り方

1. “ある手順”に従って0以上の整数を1つ決める.
2. 1で選んだ数だけ0から a の間および0から b の間の乱数を作り，それらを $x-y$ 座標とする点を配置させる.

つまり，ランダムな点配置を作る作成マニュアルは2段階からなる．まず，作るべき点の個数を決め，それからその数の位置（$x-y$ 座標）をランダムに決めるのである.

ここで，“ある手順”とは，以下のようなものである.

強度が rA のポアソン分布に従ってランダムに0以上の整数を生成する.

ここで，唐突にポアソン分布が出てきた.

強度がrAのポアソン分布とは，kという0以上の整数が得られる確率が，

$$\frac{e^{-rA}(rA)^k}{k!} \tag{0.1}$$

となるものである[3]．

上の例では$r = 1.0, A = 100$なので，強度が$rA = 100$のポアソン分布となる．その場合，式(0.1)に$k = 100$を代入すると，100が選ばれる確率はわずか0.0399である．99となる確率もほぼ等しい0.0399だし，101となる確率も0.0395である．90以下の個数が出てくる確率[4]も0.171もあるし，120個以上が出る確率も0.0282ほどある[5]．このような割合で整数が出るようにした中からランダムに一つ選ぶ[6]ことで配置させる点の個数を決めるというわけである．

だから，面積100で密度1.0であっても，必ずしも点は100個とは限らないし，むしろ100個でない場合のほうが圧倒的に多い．それどころか，100個と決めて作成したなら，その点配置はランダムな点配置と呼ぶに値しない．図0.1fのエクセルファイルは100個と決めており，だからこれではランダムな点配置は作成できない．ランダムな点配置作成ファイルであるには，最初に点の個数を決める作業を入れなければならない．

さて，上のマニュアルを渡されて，「はい，そうですか」と納得できるだろうか．どうも腑に落ちないという人のほうが多いのではないだろうか．そもそも，ポアソン分布の(0.1)というややこしい式は，どこから出てきたのだろう．この数式のどこがどうランダムな点配置とつながるのだろう．

本書の目的の最初[7]は，この根拠を，数学的に厳密にというより，体験的および直観的に[8]理解することである．

[3] $e \doteqdot 2.7281\ldots$ は自然対数の底．

[4] 式(0.1)を0から90まで加える．

[5] 0から119までの和を1から引く．

[6] この具体的な方法の例は1.7節で紹介する．

[7] 第1章の目標．

[8] 「直感的」ではいけない．

0.3 面積100に100個なら密度は1.0か

冒頭で面積100に100個の点なら密度は1.0とさりげなく書いたが，上のマニュアルを逆に考えると，別に密度がちょうど1.0でなくても面積100に100個の点配置を生成できる．実際例えば，密度rが0.9でも強度が$rA = 90$のポアソン分布から確率2.3%[9]でちょうど100個の点配置が生成される．

[9] 式(0.1)に$rA = 90$, $k = 100$を入れる．

でも通常，我々は面積 100 に点が 100 個あれば，密度は 1.0 という．これはなぜだろう？ 0.2 節にある作成マニュアルを見ていると，密度 1.0 とは言い切れない気分になってくる．でもだからと言って，密度 0.9 や 1.1 が正しいとも思えない．

こうした疑問に答えられるようになることが，本書の 2 番目の目的である[10]．

[10] 第 2 章の目標．キーワードは尤度（ゆうど）と最尤法（さいゆうほう）．

0.4 馴染みにくいポアソン分布の式

ポアソン分布はその式 (0.1) と合わせて，たいていの統計の入門書で紹介されている[11]．ただ，そこで何かしら引っかかるものを感じた体験を持つ人は少なくないのではなかろうか[12]．多くの統計の教科書において，最初に紹介される確率分布は **2 項分布** (binomial distribution) である．それには，

[11] 巻末にある書籍 2, 3, 6, 7 など．

[12] 少なくとも著者はその一人である．

赤玉と白玉がとてもたくさん入った袋があり，赤玉の割合は p であるとする．この袋からランダムに n 個の玉を取り出したとき，その中の k 個が赤である確率は，

$$ {}_nC_k p^k (1-p)^{n-k} \tag{0.2} $$

となる．これを 2 項分布という[13]．

[13] 確率分布の数学の定義については 2.6 節で述べる．

といった直観的な定義と，以下のような，その確率が数式 (0.2) になる証明が付いている．

最初の玉が赤である確率は p である．2 つ目の玉も赤である確率も p なので，2 個とも赤である確率は p^2 である．最初の k 個がすべて赤である確率は p^k である．一方，ちょうど k 個であるためには，残りの $n-k$ 個はすべて白でなければならない．一つひとつが白である確率は $1-p$ だから，$n-k$ 個が白である確率は $(1-p)^{n-k}$ である．したがって，最初の k 個が赤で，残りの $n-k$ 個が白である確率は $p^k(1-p)^{n-k}$ となる．

ここでは最初の k 個がすべて赤であるとしたが，実際には n 個の中のいずれかの k 個が赤であればよい．n 回の中のどの k 回を赤に

するかの場合の数は，高校数学でやる組み合わせの問題で，

${}_nC_k = \frac{n!}{k!(n-k)!} = \frac{n(n-1)\cdots(n-(k-1))}{k!}$ となる．

したがって，赤の割合が p である袋から n 個の玉を取り出したとき，そのうち k 個が赤である確率は，${}_nC_k p^k(1-p)^{n-k}$ となる．

同じように，幾何分布 (geometric distribution) では，

当たりくじの割合が p であるくじを当たりが出るまで買い続けたとき，はずれくじを k 回買うハメになる確率は，最初の k 回がはずれで（その確率は $(1-p)^k$），$k+1$ 回目は当たり（その確率は p）なので，それらの積，

$$(1-p)^k p \tag{0.3}$$

となる．これを幾何分布という．

といった説明が付く．これも高校数学で理解できる．

これらと比べると，ポアソン分布の式 (0.1) は，直観的な理解が伴わない．教科書にも書いてない[14]．中には「稀な現象を観測するときに得られる」といった文言のついている本もあるが，「稀な現象」と (0.1) という複雑な式がどう関係するかという解説はない．

このように，直観的理解を伴う解説を受けないため，ポアソン分布には忌まわしい記憶が付随したまま，いつしか忘れてしまう人が多い．そんなポアソン分布が，ランダムな点配置の作成という直観的に理解できる作業で，唐突に出てくる．何とかしてくれ，と叫びたくなる．

14) あっても数式をたくさん用いるので直観的理解の助けにならない．本書では，1.3 節と 1.5 節で“数式による長い”説明をする．

0.5 カウントデータとポアソン分布

全く別な場面でも，ポアソン分布が唐突に出てくる．

実際のデータを扱っていると，しばしば 1 回，2 回といった**カウントデータ** (count data) に出会う[15]．交通事故の件数，救急車の出動回数，クマが街で目撃された回数，はたまた稀少な鳥の巣の数とか森の中の木の本数，1 本の植物が付けている花や実の数，サッ

15) 「計数データ」という日本語もある．

カーや野球の得点，等々．こうしたデータは，通常の統計学の教科書に出ている統計手法（t 検定や分散分析や回帰分析など）を使いにくい "雰囲気" を有する．なぜなら，これらの統計手法では，任意の実数をとることを前提としている．一方，カウントデータは 0 以上の整数しかとらない[16]．例えば回帰分析では $Y = aX$ のような式を用いて 2 つのデータ間の関係性の有無を検定したりするが，通常，比例定数 a は小数をとる．すると Y も小数を伴うが，実際のデータは 0 以上の整数である．どこか不自然である．

16) 1 回も起きなかった（0 回）というデータもある．

データ解析で今日広く使われている一般化線形モデル (generalized linear model) の教科書[17] では，カウントデータの最も基本的な回帰分析の方法として，ポアソン回帰モデルが取り上げられている．「ポアソン回帰」という名前からしてポアソン分布と無関係のはずがない．何らかの形で用いるのだろう．ここでも，直観的理解を伴わない確率分布の名を冠する手法が，"最も基本的な手法" として唐突に出てくるのである．

17) 巻末の文献 [3], [4], [11] など．

回帰分析だから，2 つのデータの関係性を検定したり，比例定数を推定したり，その信頼区間などを求めたりする．ただ，ポアソン分布に関する基本的な理解がなく忌まわしい記憶をひきずっていると，パソコンで計算をしていてどこか気味が悪い．また，データ解析法はいろいろあるはずで，その中でどうしてポアソンの名を冠する手法が "最も基本的" なのか，納得できない．当然のことながら，自分が今扱っているデータと問題に対し，ポアソン回帰モデルがどの程度適切な手法か，判断できない．パソコンのソフトが返してくる分析結果を適切に解釈することもできない．ある要因の影響を誤って「有り」と判定してしまうかもしれないし，見当外れの予測をしてしまうかもしれない．

0.6 本書の構成と目標

ポアソン分布の "起源" を知り，忌まわしい記憶を払拭することで[18]，ポアソン分布を用いる回帰分析がどうして "最も基本的" なのかが納得できる．納得できると，ほどなく，どのような現象についてのどのようなデータに対するどのような目的ならポアソン回帰モデルが妥当で，どのような場合には不適切で，あるいは結果を適

18) 第 1 章の目標の言い換え．

宜差し引いて考えることで有益な知見を得られるのか．こうした判断を下せるようになってくる．本書の第 3 の目的は，ポアソン回帰モデルを適切に使えるようになる[19] ために必要なポアソン分布に関する素養を養うことである．

並行して，そこで不可欠な赤池情報量規準 (AIC) によるモデル評価と，モデルでどの程度実データを説明できるかを検証する方法も学ぶ．そして，AIC によるモデル評価の根拠となる数理的背景についても，ポアソン分布を用いた具体的なシミュレーション例で直観的・感覚的理解を目指す[20]．

最後に，冒頭の問題に戻って，ランダムな点配置を扱う空間点過程という統計数理について，その基礎となるポアソン過程 [21] に関する基本的な事項を紹介してランダムな点配置に対する理解を深めるとともに，点の配置などの空間データに対するデータ解析法を学ぶ礎を提供する[22]．ここでもポアソンの付く手法が “最も基本的” と紹介されるが，ポアソン分布の起源を納得した後なら抵抗なく受け入れられる．

[19] 第 3 章の目標．その前提となるのが第 2 章の尤度と最尤法．

[20] 第 4 章の目標．

[21] ポアソン過程というと時間に沿って起こるランダムなイベントを指す場合が多い．それについては確率過程の専門書でも解説されているので，第 5 章は空間点過程を中心に扱う．

[22] 第 5 章の目標．

1 ポアソン分布の2つの起源

この章では，序章に挙げた最初の疑問である，ランダムな点配置を作る方法とポアソン分布という確率分布がどうつながっているのかを解説する．ポアソン分布が，「広い所に点をランダムにばらまく」や「ランダムに起こったイベントの個数を数える」といった作業から浮上してくる様子を，パソコンで気軽にできるシミュレーションと数式変形という 2 つの方法で，順に見ていく．

1.1 ランダムな点配置の一部はどうなっているか

序章の図 0.1b では，正方形にランダムに 100 個の点を配置させたはずが，左半分だけを見ると，半分の 50 個でなく 47 個の点しかないという問題を取り上げた．乱数を変えると点配置が変わり，左半分に入る点の個数も変わる．実際，図 0.1f にあるようなエクセルファイルで異なる乱数を使ってみると，左半分に入った点の個数は，58 個，51 個，... と変わっていった[1]．3 回目にしてぴったり半分の 50 個が出たが，4 回目以降はまた 51 個，48 個と，50 個に近いが少しずつ異なる個数が出た．

[1] エクセルでは，F9 キーを押すと一様乱数は更新される．

では，実際のところ，左半分に入る点の個数は，どのくらいの範囲をどんな風に変動するのだろう．図 0.1f のファイルでは，毎回，左半分に入った点の個数をノートに記録しないといけない．100 回くらい一気にやって，どんな個数が出るか，さっと記録できるよう，改良したい．

点の数が 100 個もあると計算や図示が大変なので，面積 2 の長方形に 8 個の点をランダムに配置させたとき，左半分の面積 1 の部分に入る点の個数を数えることにする．平均的には $8/2 = 4$ 個くらいの点が入ってくるはずだが，発生された乱数によっては，3 個のときや 5 個のとき，あるいはもっと左に偏ったり逆に右に偏ったりすることもあるだろう．

なお，今までのシミュレーションを実行していると自然に気づくことであるが，左半分を考える限り，問題になるのは x 座標であり，y 座標は関係ない．だから，問題はある長さの線分にある密度でランダムに点を配置したとき，その線分の左半分に入る点の個数，と言い換えられる[2]．この場合，線分上に点を配置させると考えるより，時間に沿ってイベント (event) が発生する様子をイメージするほうが実感しやすいかもしれない．ある長さの時間にある個数のイベントをランダムに配置したとき，最初の半分（前半）に何個のイベントが入るかを数えるのである．密度という言葉も頻度 (rate) に置き換える[3]．全体でのイベント総数を全体の長さで割った値を，1.2–1.3 節では「全体での平均的な頻度」と呼ぶことにする．

そこで，長さ 2 の時間の中に 8 個のイベントをランダムに配置し，その何個が前半の長さ 1 の中に入ったかを数えてみる[4]．長さ 2 で 8 個だから全体での平均的な頻度は 4.0 なので，長さ 1 なら平均的には 4 個くらい入っているはずである．しかし，運がよければもっと入るだろうし，悪ければ入らない．その変動の様子を見てみるのである．

図 1.1a は，そんなエクセルファイルの一例である．確かに，平均的には 4 個くらいだが，その前後の個数になっている場合も多い．8 個すべて前半に入った場合も 1 回あるし，1 個もなかった（すべて後半に入った）場合も 1 回ある．

乱数が変わると当然，何個の場合が何回あったかも変わる．図 1.1b–c はそんな 2 例で，確かにけっこう違った形になっている．

100 回ではなく，1000 回にしたらどうなるだろう．図 1.1 のファイルを 100 回でなく 1000 回に拡張するのは容易である．下へ 1000 行分，コピーして貼り付け，左の列での集計をセル E1002 までに直せばよい．10002 行まで使えば 10000 回のシミュレーションになる．

図 1.2a–d は，そうやってくりかえし数を増やした場合の集計結果である．1000 回くりかえした (a)-(b) では，若干，形状が異なるが，図 1.1 の 3 つと比べると，似た形になっている．また，両方ともだいたい，4 個を中心に左右対称になっている．10000 回くりかえした (c)-(d) では，両者は見た目にはほとんど違いが見られない．

[2] 数学としては，2 次元でなく 1 次元にする．

[3] 「頻度」と聞くと「2 日に 1 度のペース」つまり「必ず 2 日に 1 度ずつ」のようなイメージを抱くかもしれない．ここでは，不規則に起こっているイベントの，長い時間にわたる平均頻度の意味である．

[4] 0 と 2 の間の一様な乱数を作り，1 未満の個数を数える．

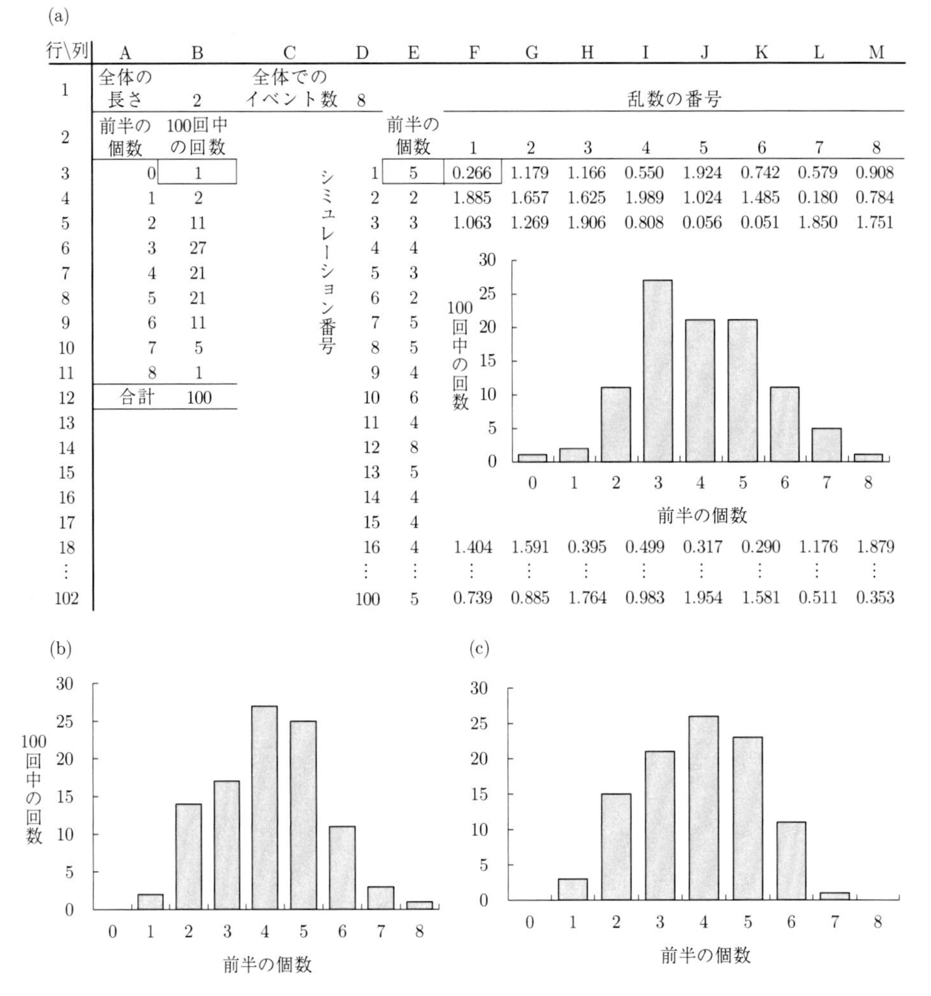

図 1.1　ランダムなイベントとその集計．(a) 長さ 2 の中に 8 個のイベントをランダムに配置し，前半（1 未満）の個数を数える作業を 100 回くりかえし，何個の場合が何回あったか集計するエクセルファイルの例．列 F から列 M までの 3 行目で 8 個の 0 と 2 の間の一様な乱数を生成し，その中で 1 未満の個数をセル E3 で求める．下へ行 102 まで貼り付けることで 100 回同じことを行う．最後に，1 未満の個数が 0 個のとき，…，8 個のときの回数を左の列 A と B で数え，ヒストグラムを作成した．
セル F3: =RAND()*$B$1, コピーしてセル M102 まで貼り付け．
セル E3: =COUNTIF(F3:M3,"<1")．コピーして下へセル E102 まで貼り付け．
セル B3: =COUNTIF($E$3:$E$102,A3)．コピーして 11 行まで貼り付ける．
(b)–(c) (a) のファイルで F9 キーを押して計 800 個の乱数を更新させたときのヒストグラムの 2 例．

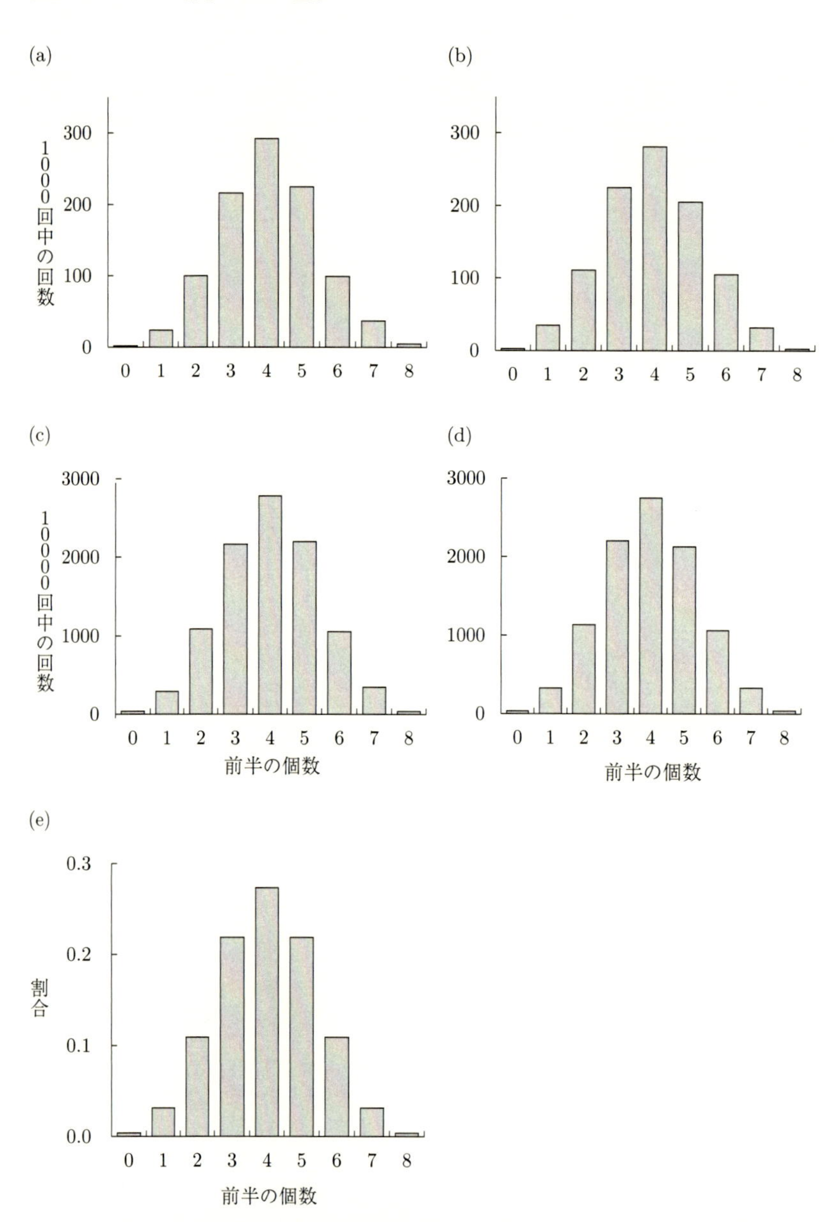

図 1.2 長さ 2 の中にランダムに 8 個のイベントを配置し，前半（1 未満）の個数を数える作業を，(a–b) では 1000 回，(c–d) では 10000 回くりかえし，何個の場合が何回あったか集計したもの．図 1.1a のエクセルファイルを，(a–b) では 1002 行，(c–d) では 10002 行に拡張した．(e) は，2 項分布から期待される割合．

かつ，4 を中心にほぼ完全に対称である．

要するに，長さ 2 の時間の中でランダムに 8 個のイベントを配置したときにその前半の長さ 1 に入る個数は，だいたい図 1.2c–d のような感じで，0 個（ただの 1 度も前半になかった）から 8 個まで（すべて前半に集中した）変動する．くりかえしが 100 回くらいしかないと，図 1.1a のように，偶然，3 個のほうが 4 個より多かったりもするが，本来は 4 個の場合が一番多く，かつ，3 個と 5 個，2 個と 6 個，...，はほぼ同じ個数で，4 個を中心に対称になっている．

以上はパソコンの計算ソフトを用いた結果（の一例）でしかない．でも，結果が図 1.2c–d のようなきれいな対称になるのだから，何らかの数学的な裏付けがありそうである．図 1.1 や図 1.2 の変動の様子は，何らかの数式で表されるものなのだろうか．

長さ 2 の時間の中でランダムに配置したひとつのイベントが，前半の長さ 1 の部分に入る確率は $1/2 = 0.5$ である．それを 8 回くりかえしたときに何個が前半に入るかという問題である．それは，序章 0.4 節で紹介した 2 項分布そのものである．すなわち，前半に入るという事象が赤玉[5]，その確率が $p = 0.5$ で，全部で $n = 8$ 個あるとき，k 個が前半（赤玉）に入っている確率は，$n = 8, p = 0.5$ の 2 項分布の式

$$ {}_8C_k 0.5^k (1 - 0.5)^{8-k} \tag{1.1} $$

になる．

2 項分布の確率はたいていの計算ソフトに入っていて，コマンドを書いて n と p と k に相当する数値を入れるだけで計算できる．図 1.2e は式 (1.1) で表される確率をグラフにしたものである．10000 回のシミュレーションの結果の図 1.2c–d と，確かにほぼ同じ形状になっている[6]．

このように，ある長さの時間に，ある個数のイベントをランダムに配置したとき，その一部に入っている点の個数は，（全体での平均的な頻度）×（長さ）から算出される個数とぴったり一致するのではなく，2 項分布に従って変動する．これは，ランダムなイベントを数える際の宿命であり，数学としての性質である．これは，数学として考えても高校数学の範囲で理解できることであるが，実際にシミュレーションをすると，確かにその通りになっており，納得感が増す．

[5] 後半に入るという事象が白玉．

[6] 図 1.2a–d は回数で図 1.2e は確率だが，前者を総数 1000 や 10000 で割って割合に直せば，後者とほぼ同じ数値になる．

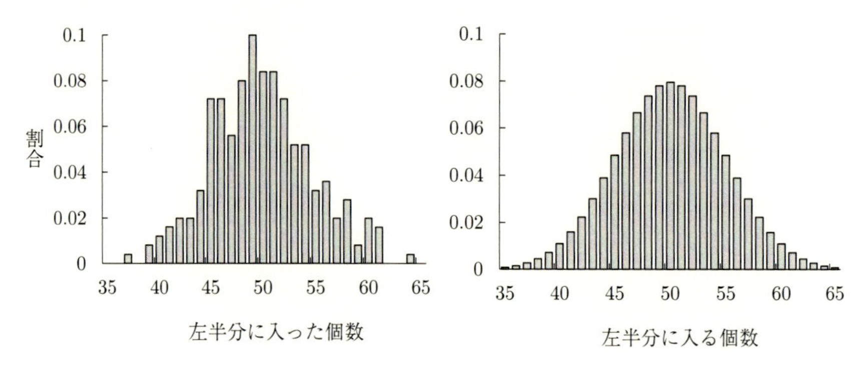

図 1.3　ランダムな点配置の集計と 2 項分布. (a) 面積 100 の正方形に 100 個の点をランダムに配置したとき左半分に入った点の個数を 100 回のシミュレーションで調べた結果を集計して割合に直したもの. (b) 2 項分布から期待される, 左半分に入る点の個数の割合.

序章の問題だった, 面積 100 の正方形における 100 個のランダムな点配置で左半分に入る点の個数も, 全く同じ理由で, $n = 100, p = 0.5$ の 2 項分布に従う. だから, それが k 個である確率は,

$$ {}_{100}C_k 0.5^k (1 - 0.5)^{100-k} \qquad (1.2)$$

となる. 図 1.3 は, この変動を, 図 1.1 と同じようなファイルを作って 100 回のシミュレーション結果を集計したもの (a) と, 2 項分布の数式 (1.2) で求めた割合 (b) を比べたものである. 100 回程度のシミュレーションではきれいな対称の形状に至らないが, ちょうど半分の 50 個の前後を変動する様子が見てとれよう. 2 項分布のグラフ (b) を見ると, ちょうど 50 個でなく 49 個や 51 個の場合も同じくらいの頻度で起こっているし, 40 個以下や 60 個以上もある程度の割合で起こっている. その程度の変動は, ランダムに点を配置させると, 必然的に生じるわけである.

こうして, ランダムなイベントや点配置の一部を見ると, そこに入っている点の個数は, 2 項分布に従って変動することを, 体験的にも, 数学としても, 納得できた.

しかし, 面積 100 あるいは 50 の上に密度 1.0 のランダムな点配置を作るときに何個の点を配置させるべきかという最初の問いの答えには, まだ至っていない. あくまで面積 100 に 100 個の点をランダムに配置させたときの面積 50 の部分に入る点の個数の変動である. そもそも密度 1.0 でも面積 100 に 110 個の点を配置させてよい

なら，式 (1.2) で変動が決まるわけではなくなり，図 1.3 を用いた議論も成り立たない．

ただ，この問題は少し置いておき，ある長さの時間に，ある個数のイベントをランダムに配置したとき，その一部の時間内に入るイベントの個数が示す変動について，もう少し調べてみる．

まず，長さを倍の 4 にし，イベントの数も倍の 16 にし，その中で最初の 4 分の 1 の時間（長さは 1）に入るイベントを数えてみる．倍の長さの中に倍の個数のイベントをランダムに配置したのだから，単純平均をとった全体での平均的な頻度は同じ 4.0 である．今までと同じように 2 項分布を使って考えると，その個数は $n = 16, p = 1/4 = 0.25$ の 2 項分布，

$$ {}_{16}C_k 0.25^k (1 - 0.25)^{16-k} \tag{1.3} $$

に従って変動する．この確率のグラフを描くと，図 1.4a のようにな

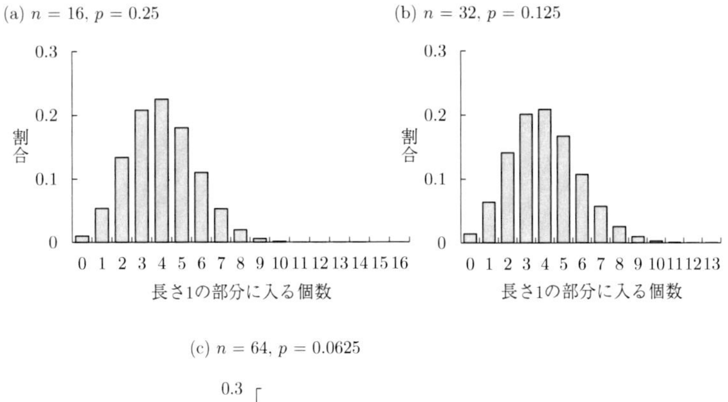

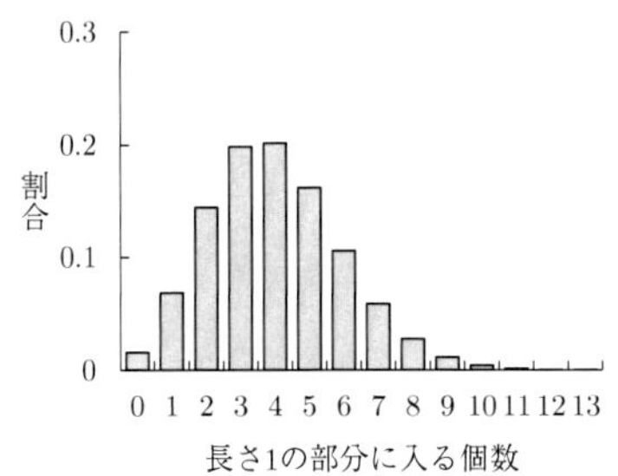

図 1.4 全体の長さを 4, 8, 16, 配置するイベントの総数を $n = 16, 32, 64$ と増やしていったとき（頻度は同じ 4.0）最初の長さ 1 の部分（全体の中での割合は，$p = 1/4, 1/8, 1/16$）に入るイベントの個数の，2 項分布から期待される割合．

る．図 1.2 や 1.3 と違って，4 を中心に左右対称とはならない．3 のほうが 5 より高く，また，左は 0 で自動的に切れるが，右は 16 まで続き，右のほうが長い[7]．

次に，全体の時間をもう倍の 8 にし，イベントも倍の 32 個をランダムに配置し（全体での平均的な頻度は同じ 4.0），その中で最初の 8 分の 1 の時間（長さは同じく 1）に入るイベントを数えてみる．それは $n = 32, p = 1/8 = 0.125$ の 2 項分布，

$$_{32}C_k (0.125)^k (1 - 0.125)^{32-k} \tag{1.4}$$

に従って変動するので，この確率を計算しグラフにすると，図 1.4b のように，(a) よりさらに 3 が 5 に比べて高くなり，右に続く尾は少し長くなったように思える．

全体の時間を 16 にし，64 回のイベントをランダムに配置すると（全体の平均頻度は同じ 4.0），その中で最初の 16 分の 1 の時間（長さは 1）に入るイベントの数は $p = 1/16 = 0.0625, n = 64$ の 2 項分布に従って変動する．このグラフは，図 1.4c のように，さらに非対称性が強まったように見える．

7) 実際のグラフでは 11 を超すとほとんど見えなくなる．図 1.4b–c では 13 で切ってある．

1.2 大きな点配置のごく一部はどうなっているか

このように，全体の長さとイベントの個数[8] を同じペースで大きくしていくと，全体での平均的な頻度は一定に保たれ，その中の長さ 1 の部分の全体での割合[9] は減少する．その中に入るイベントの個数を数えると，全体での平均的な頻度と数える部分の長さは一定なので，だいたい同じ値のまわりを変動するが，全体の長さ（と全体でのイベントの個数）を多くするにしたがって，図 1.2e のような対称な形状から図 1.4 のような非対称な形状に変わっていく．

8) 式 (0.2) では n に対応．

9) 式 (0.2) では p に対応．

そこで，思い切って，非常に長い，例えば長さ 10000 の中に 40000 個のイベントを乱数で作り，その中の長さ 1 の部分だけ[10] に注目してイベントを数えてみる．全体での平均的な頻度は 4.0 だが，長さ 1 の部分に限ると，3 個入っているときもあれば 5 個のときもあるだろう．その様子を，まずシミュレーションで調べてみる．

10) 全体のわずか 10000 分の 1.

ただ，40000 個の乱数を用いるシミュレーションを 10000 回くりかえし作って集計するとなると，もはや，エクセルのような表計算

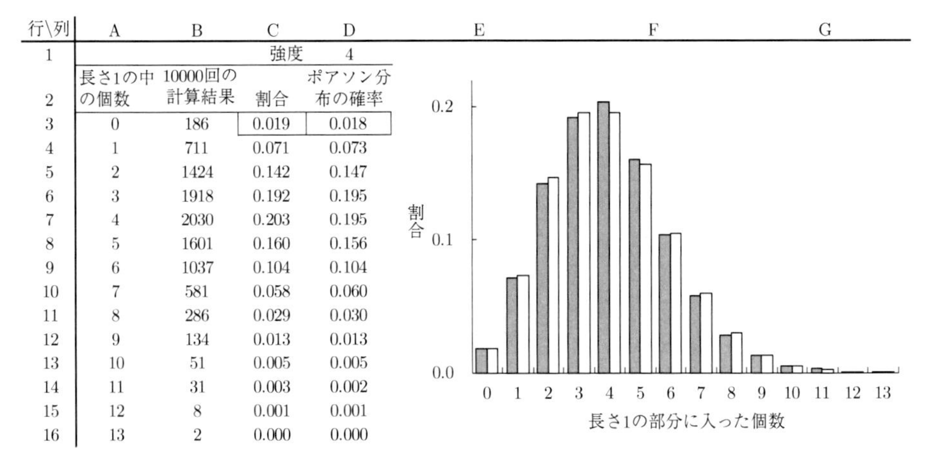

行\列	A	B	C	D
1			強度	4
2	長さ1の中の個数	10000回の計算結果	割合	ポアソン分布の確率
3	0	186	0.019	0.018
4	1	711	0.071	0.073
5	2	1424	0.142	0.147
6	3	1918	0.192	0.195
7	4	2030	0.203	0.195
8	5	1601	0.160	0.156
9	6	1037	0.104	0.104
10	7	581	0.058	0.060
11	8	286	0.029	0.030
12	9	134	0.013	0.013
13	10	51	0.005	0.005
14	11	31	0.003	0.002
15	12	8	0.001	0.001
16	13	2	0.000	0.000

図 1.5　ランダムなイベントとポアソン分布．長さ 10000 の中に 40000 個の点をランダムに配置し，0 と 1 の間の長さ 1 の部分に入っている個数を数えるという操作を 10000 回繰り返し，入った個数で集計した結果を 10000 で割って割合に直したものが黒棒．白棒は，ポアソン分布が与える確率（期待される割合）．
セル D3: =EXP(−D$1)*D$1^A3/FACT($A3).
B 列は別の数学ソフトで計算した結果を貼ったもの．セル C3: =B3/10000 .
セル D3 は =POISSON(A3,$D$1,FALSE) でも同じ結果が得られる．

ソフトによるコピー＋貼り付けでは，立ち行かなくなる．何らかの数学や統計のソフトを使う必要がある[11]．図 1.5 の黒棒は，全部で 10000 回行った結果を集約して割合に直したグラフである．4 個の場合が最も多いが 3 個や 5 個の場合もけっこう多いし，0 個や 10 個以上の場合もある．図 1.2 のような 4 を中心とする対称性はもはや失せ，右に尾を引く非対称な形状を示す．

[11] 本書は PTC 社の Mathecad ver.14 日本語版を用いた結果を示す．

もちろんシミュレーションをしなくても，$n = 40000, p = 1/10000$ の 2 項分布，

$$ {}_{40000}C_k(1/10000)^k(1-1/10000)^{40000-k} \qquad (1.5) $$

を計算すれば同じグラフを描くことができる．ただ，非常に長いところにたくさんの点を配置させたときにそのごく一部に入る点の個数が本当にこの数式に従って変動することを納得するには，シミュレーションで体験するほうが実感が伴うと思う．

図 1.5 に見られる変動が，実は，全体での平均的な頻度 × 長さ，すなわち $4.0 \times 1 = 4$ を強度とするポアソン分布と似たものになっている．冒頭の式 (0.1) と同じものであるが今一度ポアソン分布の

式を示しておく．ポアソン分布には**強度** (intensity) と呼ばれる正の数のパラメータが1つあり，通常それはギリシア文字の λ [12] で表される．強度 λ の**ポアソン分布** (Poisson distribution) で k 個が出てくる確率を $f(k;\lambda)$ と表すことにすると，それは，

$$f(k;\lambda) = \frac{e^{-\lambda}\lambda^k}{k!} \tag{1.6}$$

となる．

12) ラムダと読む．慣習的に確率分布の中のパラメータはギリシア文字で表される場合が多い．

この確率で起こる現象が10000回くりかえされたら，だいたいこの確率と同じ割合で起こるはずである．そこで式 (1.6) の値を白棒にして，上のパソコン作業で得た黒棒と比べてみる．すると，図1.5のように，よく似たヒストグラムになっている．

少し数値を変えて，長さ10000の中に配置するイベントの数を20000個にした場合で同じ計算をしてみる．この場合，全体での平均的な頻度は2.0になるから強度2のポアソン分布を用いて同じ比較をしてみる．すると，図1.6aのように，やはり実際に入った個数のヒストグラムとよく似たものになっている．

今度は見る時間の長さを2にしてみる．平均頻度4.0で長さ2だから $4.0 \times 2 = 8$ を強度とするポアソン分布と10000回のシミュレーションの結果を比べてみる．確かに同じようなヒストグラムになっている（図1.6b）．

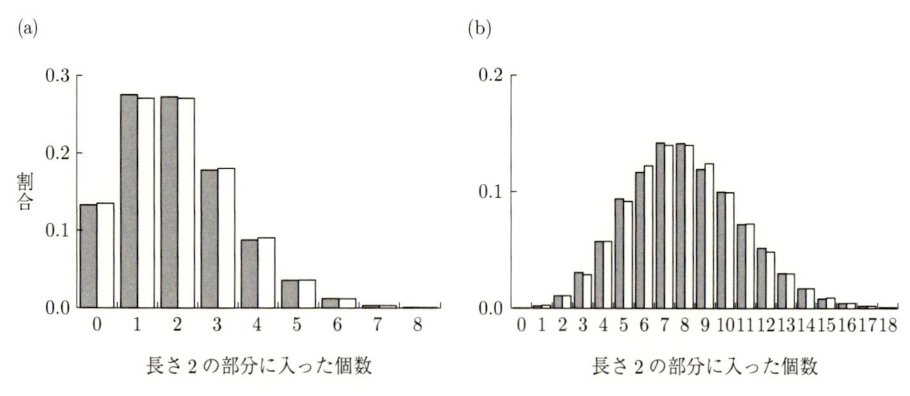

図1.6 ランダムなイベントとポアソン分布の2例．(a) 長さ10000の中に20000回のイベントを配置した場合の，長さ1の部分に入った個数の回数を10000で割って割合に直したもの（黒棒）と強度2のポアソン分布が与える確率（期待される割合，白棒）の比較．(b) 図1.5と同じイベントの配置について，長さ2の部分に入った個数の回数を10000で割って割合に直したもの（黒棒）と強度8のポアソン分布（白棒）の比較．

以上の問題を一般的な数学の記述にすると，「とても長い時間 T の中にランダムにとてもたくさんの n 個のイベントが配置したとき，それをある短い長さ L の時間[13] だけ観測すると何個のイベントが入っているか」という問題となる[14]．長い時間全体での平均的な頻度は $r = n/T$ だから，長さ L の時間の中ではだいたい積 rL 個のイベントが入っているだろう．しかし，必ずしもピッタリ rL 個であるとは限らず[15]，rL より多かったり少なかったり変動するはずである．ではどんな風に変動するかというと，それは長さ L の部分の全体 T での割合を $p = L/T$ とすると，この n と p で定まる2項分布（式 (0.2)）に従って変動する．ただし，n と T が大きいと，$rL = np$ を強度とするポアソン分布と同じような割合で変動する様子が，パソコンを用いたランダムなイベントの個数を数える作業から見えてきた[16]．ちなみに，rL を強度とするポアソン分布は，式 (1.6) の λ を rL とした，

$$f(k; rL) = \frac{e^{-rL}(rL)^k}{k!} \tag{1.7}$$

である．

また，同じようなパソコン作業を平面上で行うことにより，ランダムな点配置の一部を数えてもポアソン分布が浮上してくる様子を見ることができる．

さてここで，今までにわかってきたことを逆にして考えてみる．長い時間全体での平均的な頻度が r のとき，長さ L の時間の中に入るイベントの個数は，積 rL を強度とするポアソン分布と同じような割合で変動する．なら逆に，頻度 r のイベントを時間 L に生成したいときは，ポアソン分布に従う変動を考慮して，まず rL を強度とするポアソン分布に従う 0 以上の整数を 1 個作り，その個数だけイベントを作るほうが，ピッタリ rL 個のイベントを作るより自然であるはずである．生成されるイベントの個数は rL より多いときもあれば少ないときもあるが，それが頻度 r でランダムに配置されたイベントとして当然の姿なのである．

序章 0.2 節で唐突に挙げたランダムな点配置の生成マニュアルだったが，こう考えると，なるほどもっともだと，納得いくものに思えてくるのではなかろうか．

[13] 図 1.5 では $T = 10000, n = 40000, L = 1$.

[14] 概して数学による説明は文字式で行われる．これが原因で数学に苦手意識を持つ人は少なくないだろう．ただ今日では，文字式で書かれていることをパソコンにより通常の数値で実演できる．両者を併用することで数式を克服しようという試みである．

[15] rL が整数でなければピッタリ rL 個になりようもない．

[16] 本当にポアソン分布と同じ変動を示すことの証明は 1.3 節と 1.4 節．

1.3 2項分布から導かれるポアソン分布

時間 T の中でランダムに n 個のイベントを配置したとき，それをある長さ L の時間だけ観測したときに入っているイベントの個数の変動の様子は，パソコン作業による体験的理解でなく，以下のように数学として示すこともできる．

ある一つのイベントが長さ L の時間の中に入る確率は $p = L/T$ なので，n 個の中の k 個が長さ L の時間の中に入る確率を $g(k)$ とすると，これは，2項分布（序章の式 (0.2)）を用いて，

$$g(k) = {}_nC_k p^k (1-p)^{n-k} = \frac{n(n-1)\cdots(n-(k-1))}{k!} p^k (1-p)^{n-k} \tag{1.8}$$

となる．ただし，2項分布として3つの特徴がある．

1. T と n はとても大きい．
2. 図1.3から図1.5に至るまで，全体での平均的な頻度 $r = n/T$ は一定 (4.0) に保った．
3. L が T と比べとても小さいため，$p = L/T$ は0に近いとても小さい数となる．

実は，2項分布 (1.8) がこの3つの特徴を持つとポアソン分布に近いものとなる．より正確には，全体での平均的な頻度が r の点配置を長さ L の部分で数えるとき，式 (1.8) の $g(k)$ と式 (1.7) の $f(k; rL)$ は大体同じになる．このことは，以下のような変形をすることで確かめられる．

まず，$k!$ と p^k を前に出し，分子と分母の両方に n^k をかける．

$$g(k) = \frac{n^k p^k}{k! n^k} \cdot n(n-1)\cdots(n-(k-1))(1-p)^{n-k}$$

分子の n^k は p^k と合体させる．分母の n^k を $n(n-1)\cdots(n-(k-1))$ という k 個の積に1個ずつ分配する．

$$g(k) = \frac{(np)^k}{k!} \cdot \frac{n}{n}(1-\frac{1}{n})\cdots(1-\frac{k-1}{n}) \cdot (1-p)^{n-k}$$

最後の項を n 乗と $-k$ 乗に分け，$np = nL/T = rL$ を使って最後の

p を $\frac{np}{n} = \frac{rL}{n}$ とすると，

$$g(k) = \frac{(rL)^k}{k!} \cdot 1 \cdot (1 - \frac{1}{n}) \cdots (1 - \frac{k-1}{n})(1-p)^{-k}(1 - \frac{rL}{n})^n \quad (1.9)$$

となる．最初にある $\frac{(rL)^k}{k!}$ は式 (1.7) の一部（分子の右側と分母）と同じである．だから，(1.9) の残りの部分が (1.7) の残りの部分 e^{-rL} に近いことを示せばよい．

n が大きく k が小さいなら[17]，$1 - \frac{1}{n}$ も $1 - \frac{2}{n}$ も…$1 - \frac{k-1}{n}$ も，全部ほとんど 1 である．よって，

$$g(k) \fallingdotseq \frac{(rL)^k}{k!}(1-p)^{-k}(1 - \frac{rL}{n})^n$$

と近似できる．最後の項は，自然対数の底 e が

$$e = \lim_{n \to \infty}(1 + \frac{1}{n})^n \quad (1.10)$$

で定められ，

$$e^{-x} = \lim_{n \to \infty}(1 - \frac{x}{n})^n \quad (1.11)$$

という式も成り立つことを思い出せば[18]，ほぼ e^{-rL} となる．最後に $p = rL/n$ は n が大きいと小さい数になるので，真ん中の部分 $(1-p)^{-k}$ はほぼ 1 である．したがって，n 回のうち k 回が長さ L の時間に起こっている確率について，ほぼ，

$$g(k) \fallingdotseq \frac{(rL)^k}{k!} \cdot 1 \cdot e^{-rL} = \frac{e^{-rL}(rL)^k}{k!} = f(k; rL) \quad (1.12)$$

が成り立つ．こうして，式 (1.8) の 2 項分布が前ページの 3 つの条件を満たしていると，式 (1.7) のポアソン分布で近似できることが，数学として示された．

以上が，とても長い時間 T の中に n 個のイベントをランダムに配置すると，全体での平均的な頻度は $r = n/T$ だが，長さ L の部分に入る個数を数えると，強度が頻度 × 長さ $= rL$ のポアソン分布とほぼ同じように変動するという証明である．1.2 節におけるパソコン計算と併用させることで，体験的および数理的に[19] 納得感が増してきたのではないだろうか．

同じようにして，広いところで作ったランダムな点配置をごく一部で見ると，その中の個数はポアソン分布とほぼ同じように散らばることも示すことができる．

[17] 上のパソコン作業では，n は 2〜4 万，k は高々 10 や 20 だったからこうみなせる．

[18] 式 (1.11) に疎い人は，$(1 - \frac{rL}{n})^n$ に $rL = 4, n = 10000$ を代入して，それが $e^{-4} = (1/2.7813)^4$ に近いことを確かめてみることを勧める．

[19] あるいは，体験的にか数理的にかの，少なくとも一方で．

なお，数学の教科書では，2 項分布 (1.8) において，np を一定に保ったまま $n \to \infty$ とすると np を強度とするポアソン分布に収束する，という書き方をする場合が多い[20]．これが，初学者には案外，わかりにくいのではないだろうか．具体的に何を止めて何を無限にしているのか，すぐにイメージできない．そこで本節では，「とても長いところにとてもたくさんの点を配置したときに小さい部分に入る個数を数える作業」ととらえた．無限にする数値を，配置する点の数 n だけでなく同時に全体の長さ T も無限にする．ただし全体での平均的な頻度 $r = n/T$ を一定に保つ[21]．さらに，証明も数学としての収束でなく，近似にした．そうすることで，対応するシミュレーションがイメージしやすいものになり，エクセルのような表計算ソフトでもシミュレーションを実行でき，ポアソン分布が浮上する様子を眺められたわけである．

20) 式 (1.12) は近似でなく収束の表現となる．

21) すると $np = nL/T = rL$ が一定となる．

どんなに長い時間とたくさんのイベントでも，それらが有限である限り，ある部分に入る個数が示す変動を記述する確率分布は 2 項分布である．しかし，（np を一定に保ったまま）n を無限大にしたら，もはや 2 項分布では記述できなくなる．そして，（現実にはできない作業であるが）無限に長いところにランダムにイベントを配置してある時間だけ観測すると，その個数はポアソン分布 (1.7) に従う変動を示す．(1.12) という数式は，そういう作業に付随する数式なのである．

無限に長い時間を考える（想像する？）あたりに抵抗を覚える人もいるだろう．次節では，ランダムにイベントを配置するのでなく，ランダムにイベントが起こるととらえることで，やはりポアソン分布の式 (1.7) が浮上してくることを示す．そこでは，無限に長い時間や無限個のイベントを想像する必要はない[22]．そして 1.5 節では，長い時間全体での平均的な頻度でなく，頻度そのものを数学として定義する[23]．

22) ただ，無限に短い時間を想像する必要が生じる．

23) 定常ポアソン過程として定式化する．

1.4 ランダムに起こるイベントから出てくるポアソン分布

ある頻度 r でランダムにイベントが起こっているとする．ランダムにイベントが起こると，ある時点でイベントが起こるか否か予測できない．ただ，それが頻度 r で起こっているのなら，長さ h の時

間では平均 rh 回起こっていてほしい．もし，h が非常に短い時間だったとすると，h の間では高々 1 回しか起こらない．そのとき，rh は平均回数でなく，h という時間内にイベントが起こる確率とみなすことができる[24]．

そこで長い時間を短い時間に細分し，各々で 0 と 1 の間の乱数を生成し，たまたま rh より小さな乱数が生成されたとき[25] にイベントが起こるとするシミュレーションを行ってみる．これを細分されたたくさんの短い時間のすべてで行い，全体で何回起こったか，数えてみる．

イベントはランダムに起こるので，細分された時間の間の関係は一切考えない．つまり，隣の時間帯でイベントが起こったからここではやめておこうとか，運悪く長い間 1 度もイベントが起こっていないからそろそろ起こそうとか，そうした「配慮」は一切しない．このように，隣近所あるいは遠くのほうで何が起ころうと関係なくイベントが起きることを，「独立」(independent) という[26]．もちろん，ランダムなイベントに別な解釈をして数学としての定義を与えたくなる人るもいるかもしれない．ただ，今日，普通に「ランダムなイベント」といったら，互いに独立に起こっていることを最も重要な仮定としている．

図 1.7 では，長さ 1 の時間を 10000 等分し ($h = 0.0001$)，頻度を 4.0 とした．$rh = 0.0004$ と小さいので，イベントはほとんど起こらないように思える．確かに図 1.7 ではほとんど 0 だが[27]，よく見ると 3 回目のシミュレーションで 1 が出ている．そして，10000 個もの区間の中には，当然のことだがちゃんとイベントの起こった所がある．イベントの総数を数え上げてみると（3 行目），最初の試みでは 5 回となっている．この列をコピーして右に貼り付けていけば，次々と異なる乱数を用いたシミュレーションが繰り返されていく．3 回や 4 回のときが目立つが，多いときは 8 回も起こっているし，逆に 1 回しか起こっていない場合もある．

コピーを右に 200 列貼りあわせることで 200 回の繰り返しを作り，その中でどんな回数が何度あったか集計し（図 1.7 の列 B と C)，図 1.5 や 1.6 と同じように，強度 4 のポアソン分布から期待される割合（列 D）と比較してみる．すると，図 1.7 の中のヒストグラムのように，両者はよく似た形になっている．

1.2 節では，決まった数のイベントを長い時間の中に配置し，特定

[24] 0 回と 1 回しかないので，平均回数（期待値）$= 0 \times$(0 回起こる確率) $+ 1 \times$(1 回起こる確率) $=$ 1 回起こる確率 となるからである．

[25] この確率は rh なので，確率 rh でイベントを起こしたことになる．

[26] 数式での定義は下の式 (1.15).

[27] イベントが起こったら 1，起こらなかったら 0 を表示させている．

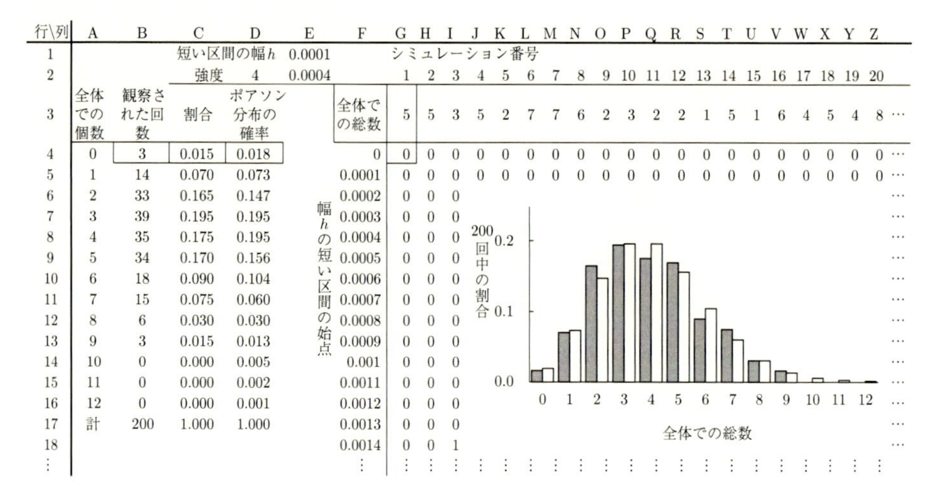

行\列	A	B	C	D	E
1			短い区間の幅 h		0.0001
2			強度	4	0.0004
3	全体での個数	観察された回数	割合	ポアソン分布の確率	
4	0	3	0.015	0.018	
5	1	14	0.070	0.073	
6	2	33	0.165	0.147	
7	3	39	0.195	0.195	
8	4	35	0.175	0.195	
9	5	34	0.170	0.156	
10	6	18	0.090	0.104	
11	7	15	0.075	0.060	
12	8	6	0.030	0.030	
13	9	3	0.015	0.013	
14	10	0	0.000	0.005	
15	11	0	0.000	0.002	
16	12	0	0.000	0.001	
17	計	200	1.000	1.000	
18					
⋮					

行\列	F	G	H	I	J	K	L	M	N	O	P	Q	R	S	T	U	V	W	X	Y	Z	
1		シミュレーション番号																				
2		1	2	3	4	5	6	7	8	9	10	11	12	13	14	15	16	17	18	19	20	
3	全体での総数	5	5	3	5	2	7	7	6	2	3	2	2	1	5	1	6	4	5	4	8	…
4	0	0	0	0	0	0	0	0	0	0	0	0	0	0	0	0	0	0	0	0	0	…
5	0.0001	0	0	0	0	0	0	0	0	0	0	0	0	0	0	0	0	0	0	0	0	…
6	0.0002	0	0	0																		…
7	0.0003	0	0	0																		…
8	0.0004	0	0	0																		…
9	0.0005	0	0	0																		…
10	0.0006	0	0	0																		…
11	0.0007	0	0	0																		…
12	0.0008	0	0	0																		…
13	0.0009	0	0	0																		…
14	0.001	0	0	0																		…
15	0.0011	0	0	0																		…
16	0.0012	0	0	0																		…
17	0.0013	0	0	0																		…
18	0.0014	0	0	1																		…
⋮	⋮	⋮	⋮	⋮	⋮	⋮	⋮	⋮	⋮	⋮	⋮	⋮	⋮	⋮	⋮	⋮	⋮	⋮	⋮	⋮	⋮	

図 1.7 長さ１の区間を 10000 等分し（列 F．細分された区間の長さは $h = 0.0001$），各々で独立に確率 $rh = 0.0004$ の確率でイベントを起こすエクセルシートの例．３行目で 10000 個の区間すべて合わせて何回のイベントがあったか集計する．列 G をコピーして右へ貼ることで，同じ作業をくり返す．その中で何回のイベント数が何度あったかを左の列 B で集計し，列 C で割合に直す．列 D で計算したポアソン分布から期待される割合と比較できるよう，両者をヒストグラムで表した．
セル G4: =IF(RAND()<$E$2,1,0)．セル G2: =SUM(G4:G10003)．セル B4: =COUNTIF($G$3:$GX$3,A4)．セル D4: =POISSON(A4,$D$2,FALSE)．セル C4: =B4/$B$17.

の短い時間の中で何回起こっていたかを数えた．今は逆に，非常に短い時間ごとにイベントの起こる小さい確率を与え，まれにしか起こらないイベントも長い期間全体ではそれなりの回数となっているのでそれを数えた．すると，どちらからもポアソン分布のような分布が出てきた．

前者のやり方でポアソン分布の式 (1.7) が出る数学の証明は，1.3 節の最後に２項分布を用いて与えた．後者のやり方でポアソン分布が出てくる理由も，以下のように数学として示すことができる．

1.5 ランダムなイベントから導かれるポアソン分布

頻度 r でランダムにイベントが起こっているとき，長さ t の時間で起こる回数が強度 rt のポアソン分布に従って変動することを示す

には，長さ t の時間の中で k 回起こる確率が，式 (1.6) で $\lambda = rt$ とした，

$$f(k; rt) = \frac{e^{-rt}(rt)^k}{k!} \tag{1.13}$$

に一致することを示せばよい．そのためにまず，ランダムにイベントが起こっているということを数式で表現する[28]．次に「独立」という仮定を使ってその式を変形し，微分方程式に帰着させる[29]．最後にその解としてポアソン分布の式 (1.13) が得られることを示す．

時刻 t_1 から t_2 まで[30] に起こる回数を $N(t_1, t_2)$ とする．いま，時刻 0 から始まったとする．時刻 t までに起こったイベントの回数が k である確率を考え，それを $P[N(0,t) = k]$ と表すことにする[31]．

この事象に加え，少し先の時刻 $t+h$ までに起こる回数 $N(0, t+h)$ も考える．この時点までに $k+1$ 回起こっている確率は，t の時点で既に $k+1$ 回起こっていて短い h の中では起こらなかったか，または t の時点では k 回だったのに，そこから h の間に 1 回のイベントが起こったか，のいずれかである．t の時点では $k-1$ 回だったのに，そこからわずか h の間に 2 回のイベントが起こったということも考えられるが，短 h の間に 2 回以上は起こらないと仮定するので[32]，先の 2 つの場合しかない．これを式で書くと，

$$\begin{aligned} P(N(0, t+h) = k+1) = P(N(0,t) = k, N(t, t+h) = 1) \\ + P(N(0,t) = k+1, N(t, t+h) = 0) \end{aligned} \tag{1.14}$$

となる．ここで，$P(A, B)$ は，A という事象と B という事象の両方が起こる確率を示し，A と B の同時分布 (joint distribution) という．もし，A と B が独立なら，両方が起こる確率はそれらの積になる[33]．

$$P(A, B) = P(A) \times P(B) \tag{1.15}$$

イベントがランダムに起こっているなら[34]，今起こったからしばらくやめておこうとか，しばらく起こっていないからそろそろ起こそうといった配慮は働かないはずである．次起こるかどうかは少し前がどうだったかと関係ないということは，それらが互いに独立ということである．t までに何回起こったかと次の $t+h$ までに起こるかが独立なら，式 (1.14) の右辺の第 1 項において，A という事象を

28) それが式 (1.14).

29) 式 (1.21) と (1.22).

30) 厳密には半開区間 $t_1 \le t < t_2$.

31) 一般にある事象 A が起こる確率を $P(A)$ で表す．ここでは「t までに k 回起こる」が事象 A に対応する．

32) 1.5 節でこの仮定は少し弱められる．

33) 数学としては，これは独立の定義である．

34) このことの厳密な定義は，1.5 節の定常ポアソン過程で与える．

「0 から t までに k 回起こる」，B という事象を「t と $t+h$ の間で 1 回起こる」とすると[35]，両方が起こる確率はそれぞれの確率の積になる．

35) 記号で書くと，$A=[N(0,t)=k]$，$B=[N(t,t{+}h)=1]$.

$$P(N(0,t)=k, N(t,t{+}h)=1)=P(N(0,t)=k)P(N(t,t{+}h)=1) \tag{1.16}$$

同じように，第 2 項もそれぞれの確率の積になるので，式 (1.14) は，

$$\begin{aligned}P(N(0,t+h)=k+1)&=P(N(0,t)=k)P(N(t,t+h)=1)\\&\quad+P(N(0,t)=k+1)P(N(t,t+h)=0)\end{aligned} \tag{1.17}$$

となる．さらに，独立という仮定から，t から $t+h$ に 1 回起こる確率と 0 から h までに 1 回起こる確率は，それぞれの前後に何が起こったかに影響を受けないので，時間幅が同じ h なら等しくなる．だから，$P(N(t,t+h)=1)=P(N(0,h)=1)$ が成り立つ．同様にして，$P(N(t,t+h)=0)=P(N(0,h)=0)$ が成り立つ．したがって，式 (1.17) は，

$$\begin{aligned}P(N(0,t+h)=k+1)&=P(N(0,t)=k)P(N(0,h)=1)\\&\quad+P(N(0,t)=k+1)P(N(0,h)=0)\end{aligned} \tag{1.18}$$

となる．ここで長さ t の中で k 回起こる確率 $P(N(0,t)=k)$ を $P_k(t)$ と書くことにすると，(1.18) は，

$$P_{k+1}(t+h)=P_k(t)P_1(h)+P_{k+1}(t)P_0(h) \tag{1.19}$$

となる．h が非常に短い時間なら，1 回起こる確率 $P_1(h)$ は rh，1 回も起こらない確率 $P_0(h)$ は $1-rh$ だったから，これらを代入して，

$$P_{k+1}(t+h)=P_k(t)\cdot rh+P_{k+1}(t)(1-rh)$$

を得る．これを移項して整理すると，

$$P_{k+1}(t{+}h){-}P_{k+1}(t)=P_k(t){\cdot}rh{-}P_{k+1}(t){\cdot}rh=rh(P_k(t){-}P_{k+1}(t))$$

となるので両辺を h で割ると，

$$\frac{P_{k+1}(t+h)-P_{k+1}(t)}{h}=r(P_k(t)-P_{k+1}(t)) \tag{1.20}$$

となる．h は非常に小さいとしているので，極限をとると左辺は関数 $P_{k+1}(t)$ の導関数になり，

$$\frac{dP_{k+1}(t)}{dt} = r(P_k(t) - P_{k+1}(t)) \tag{1.21}$$

という微分方程式が得られた．こうして，時刻 t までにイベントが k 回起こった確率 $P_k(t)$ は，イベントが $k+1$ 回起こった確率 $P_{k+1}(t)$ と組み合わさった (1.21) という一連の微分方程式の解になっていることがわかった．

ただし，$t+h$ までで 0 回だった場合は，t までで 0 回，その後に続く短い h の間でも 0 回でないといけない．したがって，方程式 (1.14) の第 1 項は不要で，

$$P(N(0,t+h)=0) = P(N(0,t)=0, N(t,t+h)=0)$$

という方程式から始まることになる．これを (1.16)-(1.20) と同じように変形していくと，(1.19) は，

$$P_0(t+h) = P_0(t)P_0(h),$$

(1.20) は，

$$\frac{P_0(t+h) - P_0(t)}{h} = -rP_0(t)$$

となる．つまり，式 (1.21) は $k \geq 0$ の場合で，$P_0(t)$ に対しては別の微分方程式，

$$\frac{dP_0(t)}{dt} = -rP_0(t) \tag{1.22}$$

が得られる．

また，$t = 0$ ではまだ時間が経過していないので，イベントは起こるはずなく絶対に 0 回でしかありえないので[36]，$P_0(0) = 1$, $P_k(0) = 0$ $(k > 0)$ が成り立つはずである．これがこれらの微分方程式系の初期条件となる．

[36] 確率 1 で 0 回，1 回以上の確率はすべて 0.

方程式 (1.22) の解 $P_0(t)$ がわかればそれを (1.21) で $k = 0$ とした場合に代入することで $P_1(t)$ に関する微分方程式が得られ，それを解いて今度は (1.21) で $k = 1$ とした場合に代入することで $P_2(t)$ に関する微分方程式が得られ，という風に，順に $P_k(t)$ を求めていける．

この $P_k(t)$ という確率がポアソン分布の式 $\frac{e^{-rt}(rt)^k}{k!}$(1.13) と一致

してほしい．本書では (1.21)，(1.22) という微分方程式を変数分離法や 1 階線形微分方程式の解の公式を用いて解くことはやめ，代わりに，$f(k;rt)$ が微分方程式 (1.21) と (1.22) を満たすことを確認することにする．

$k=0$ の場合，$f(0;rt)=\frac{e^{-rt}(rt)^0}{0!}=e^{-rt}$ で，これを (1.22) の左辺に代入すると $-re^{-rt}$，右辺は $-re^{-rt}$ だから，確かに微分方程式 (1.22) を満たしている．また，初期条件 $f(0;0)=1$ も満たしている．

一般の k と $k+1$ の場合，(1.21) の左辺は，

$$
\begin{aligned}
\frac{d}{dt}f(k+1;rt) =& \frac{d}{dt}\frac{e^{-rt}(rt)^{k+1}}{(k+1)!} = -r\cdot\frac{e^{-rt}(rt)^{k+1}}{(k+1)!} + r(k+1)\cdot\frac{e^{-rt}(rt)^k}{(k+1)!} \\
=& -rf(k+1,rt) + r\frac{e^{-rt}(rt)^k}{k!} = -rf(k+1,rt) + rf(k,rt)
\end{aligned}
$$

となり，確かに (1.21) を満たしている．初期条件 $f(k;0)=0$ は，$k\geq 1$ なら $f(k;rt)=\frac{e^0 0^k}{k!}=0$ なので，確かに満たしている．

こうして，頻度 r でランダムに起こるイベントを長さ t の間で数えると，それは強度 rt のポアソン分布に従って変動することを，数学として証明できた．

同様にして，2 次元平面における密度 r のランダムな点配置について，面積 A の領域の中に入っている個数を数えると，それは強度 rA のポアソン分布に従って変動することを証明できる[37]．

[37] 文献 [7] の第 7 章にこの簡略な証明がある．

1.6 ランダムなイベントの定義：定常ポアソン過程

以上の計算では，短い時間 h 以内に 2 回以上イベントの起こる確率が 0 と仮定して式 (1.14) から始め，式 (1.18) の形に整理し，h で割って（式 (1.20)）極限をとることで微分方程式 (1.21) と (1.22) を導いた．だが，実際には，もう少し弱い仮定で十分である．要は，微分方程式 (1.21) に帰着さえすればよい．2 回以上起こる確率も含めて (1.14) を書いて式 (1.17)–(1.19) と同じ式変形を行うと，

$$
\begin{aligned}
P_{k+1}(t+h) = & P_{k+1}(t)P_0(h) + P_k(t)P_1(h) + P_{k-1}(t)P_2(h) \\
& + \cdots + P_0(t)P_{k+1}(h)
\end{aligned}
$$

となる．$P_0(h)=1-P_1(h)-\sum_{k=2}^{+\infty}P_k(h)$ を代入し，移項して式

(1.18) と同じような形にすると，

$$P_{k+1}(t+h) - P_{k+1}(t) = -P_{k+1}(t)(P_1(h) + \sum_{k=2}^{+\infty} P_k(h)) + P_k(t)P_1(h) \\ + P_{k-1}(t)P_2(h) + \cdots + P_0(t)P_{k+1}(h)$$

となる．この両辺を h で割る．

$$\frac{P_{k+1}(t+h) - P_{k+1}(t)}{h} = -P_{k+1}(t)\left(\frac{P_1(h)}{h} + \frac{\sum_{k=2}^{+\infty} P_k(h))}{h}\right) \\ + P_k(t) \cdot \frac{P_1(h)}{h} + \cdots + P_0(t) \cdot \frac{P_{k+1}(h)}{h} \tag{1.23}$$

左辺は $h \to 0$ で $P_{k+1}(t)$ の導関数の形になるので，右辺も $h \to 0$ で収束し，かつ，式 (1.21) の右辺と同じになってほしい．もし，

$$\lim_{h \to 0} \frac{P_1(h)}{h} = r \tag{1.24}$$

と，

$$\lim_{h \to 0} \frac{\sum_{k=2}^{+\infty} P_k(h)}{h} = 0 \tag{1.25}$$

が成り立てば，2 番目の式において $P_k(h)$ は確率なのですべて 0 以上であるため，2 以上のすべての k について，

$$\lim_{h \to 0} \frac{P_k(h)}{h} = 0$$

が成り立ち，式 (1.23) は式 (1.21) と同じ微分方程式になることがわかる．

これらを整理し，微分方程式の初期条件とイベントの起こり方の独立性の仮定を追加することで，ランダムなイベントは定常ポアソン過程として以下のように定義される．

定常ポアソン過程 (homogeneous Poisson process)

あるイベントについて，時刻 t_1 から t_2 までに起こる回数を $N(t_1, t_2)$ とするとき，ある正の定数 λ が存在して，任意の $t \geq 0$ と小さな $h > 0$ に対して以下の 4 条件を満たすなら，そのイベントは定常ポアソン過程に従っているという．

1. $P(N(t,t)=0)=1$
2. $P(N(t,t+h)=1)=\lambda h+o(h)$
3. $P(N(t,t+h)\geq 2)=o(h)$
4. 任意の時刻 $0<t_1<t_2<\cdots<t_n$ に対して，事象 $N([0,t_1)), N([t_1,t_2)),\ldots,N([t_n,\infty))$ は独立.

ここで，$o(h)$ は $\lim_{h\to 0} o(h)/h=0$ を満たす h の関数の意味である．4 という仮定の下で $P(N(t,t+h)=1)=P(N(0,h)=1)=P_1(h)$ がいえるので，条件 2 から，

$$\lim_{h\to 0}\frac{P_1(h)-\lambda h}{h}=0$$

が得られる．これは，(1.24) と同値である（λ を r にかえる）．条件 3 の左辺は，

$$\begin{aligned}P(N(t,t+h)\geq 2)&=\sum_{k=2}^{+\infty}P(N(t,t+h)=k)\\&=\sum_{k=2}^{+\infty}P(N(0,h)=k)=\sum_{k=2}^{+\infty}P_k(h)\end{aligned}$$

と書けるから，条件 3 から，

$$\lim_{h\to 0}\frac{\sum_{k=2}^{+\infty}P_k(h)}{h}=0$$

が導かれる．これは (1.25) と同値である．したがって，式 (1.23) を微分方程式 (1.21) に帰着させることができ，ポアソン分布の数式 (1.12) がその解として自然に浮上してくる．

4 つの条件の中で肝となるのは 4 の独立性の条件で，それは異なる時間帯でイベントが起こっている確率は，それぞれで起こる確率の積になるという数式変形に対応する．条件の 1 は，一瞬ではイベントは起こらない[38] ことを意味し，数学としては微分方程式の初期条件に用いた．2 と 3 は今述べたように式 (1.23) が微分方程式 (1.21) に帰着されるための条件で，これらがないとポアソン分布の式を導けない．直観的には，3 は同時に 2 度もイベントが起こることはないことを意味する．2 は，定数 λ がまさしく頻度に相当することを意味する．つまり，数学としては，この定常ポアソン過程が「ランダムなイベント」の定義であり，その中の定数 λ で頻度を数学として定義するのである．そして，ポアソン分布の式 (1.6) は，この 4 つ

[38] 起こる確率は 0.

の条件から微分方程式 (1.21) と (1.22) を通して数学として導かれるものである.

このように, ランダムなイベントは, 数学としてはポアソン過程で定義され[39], ある部分に入っているイベントの個数を数えるとポアソン分布に従って変動することは数学として証明される.

同じようにして, 平面上のランダムな点配置も, (2 次元の) 定常ポアソン過程として定式化される.

以上のように, ランダムなイベントとポアソン分布という確率分布は, 切っても切れない関係にある. この点を踏まえた上でポアソン分布を利用する解析法を使うか, 知らずに使うか. 両者には雲泥の差がある.

39) 4 つの条件は数学としての定義であり, 実際のデータがランダムに発生しているかどうかの検証には使えない. 実データに対する方法のいくつかは第 2, 3 章で紹介する.

1.7 ポアソン分布に従う乱数の作成

与えられた密度のランダムな点配置を長方形や線分の中に作る操作は, 2 つのステップからなる. まずポアソン分布に基づいて一つ 0 以上の整数を決め, それから一様な乱数で位置を決める. 後者は, ソフトに入っている疑似乱数生成コマンドで行えばよい. 統計や数学のソフトの多くが, 強度を指定するとその強度のポアソン分布に従う乱数を指定した数だけ作成してくれる[40]. ただ, 統計モデルでは様々なタイプの乱数を利用するので, この際, ポアソン分布を題材に, 整数しか取らない乱数の生成法の一つを学習しておくことにする[41].

例えば強度が 4 なら, 図 1.8 の列 B にある数値表のような割合で整数を作成したい. これらの確率を順に加えていく (列 C). 0 と 1 の間の一様な乱数を発生させ, 出てきた数が, どの個数まで累積した確率とどの個数まで累積した確率の間に入っているか調べる. 図 1.8 では最初は 0.668…という乱数が生成されたが, これは 4 個までの和と 5 個までの和の間にある. このとき, 5 という整数をとる. 次に生成された乱数は 0.262 で, 2 までの和と 3 までの和の間なので 3 をとる. 0.011…のような小さな乱数が (たまたま) 生成されたら 0 をとり, 0.995…のような大きな乱数が (たまたま) 生成されたら 9 と 10 の間なので 10 をとる.

この方法でうまくポアソン分布に従う整数の乱数が得られる様子

40) 0 以上の整数がランダムに並んだ数列になる.

41) 0 と 1 の間の一様な乱数は計算ソフトに入っているものを使う.

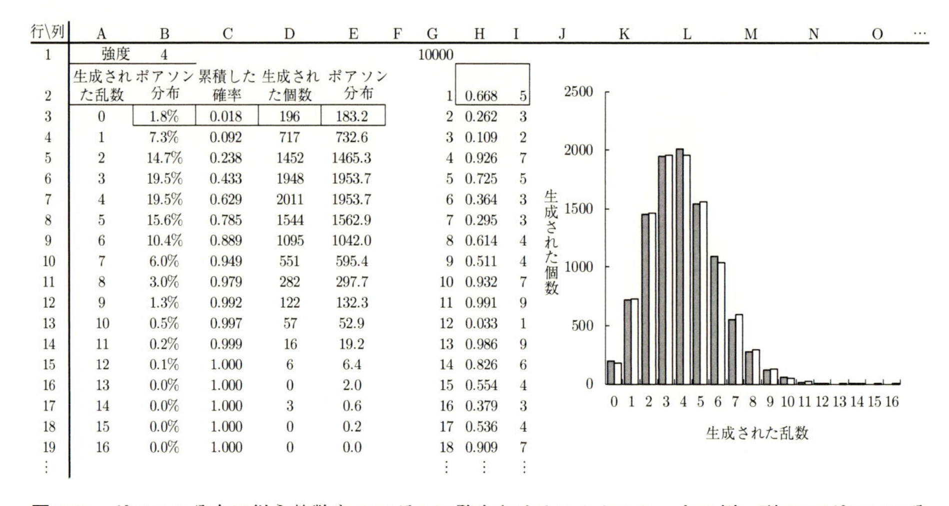

行\列	A	B	C	D	E	F	G	H	I
1	強度	4					10000		
2	生成された乱数	ポアソン分布	累積した確率	生成された個数	ポアソン分布		1	0.668	5
3	0	1.8%	0.018	196	183.2		2	0.262	3
4	1	7.3%	0.092	717	732.6		3	0.109	2
5	2	14.7%	0.238	1452	1465.3		4	0.926	7
6	3	19.5%	0.433	1948	1953.7		5	0.725	5
7	4	19.5%	0.629	2011	1953.7		6	0.364	3
8	5	15.6%	0.785	1544	1562.9		7	0.295	3
9	6	10.4%	0.889	1095	1042.0		8	0.614	4
10	7	6.0%	0.949	551	595.4		9	0.511	4
11	8	3.0%	0.979	282	297.7		10	0.932	7
12	9	1.3%	0.992	122	132.3		11	0.991	9
13	10	0.5%	0.997	57	52.9		12	0.033	1
14	11	0.2%	0.999	16	19.2		13	0.986	9
15	12	0.1%	1.000	6	6.4		14	0.826	6
16	13	0.0%	1.000	0	2.0		15	0.554	4
17	14	0.0%	1.000	3	0.6		16	0.379	3
18	15	0.0%	1.000	0	0.2		17	0.536	4
19	16	0.0%	1.000	0	0.0		18	0.909	7
⋮							⋮	⋮	⋮

図 1.8 ポアソン分布に従う整数をランダムに発生させるエクセルシートの例．列 B でポアソン分布の確率，列 C で累積した確率を計算させる．列 H で 0 と 1 の間の一様な乱数を発生させ，それが累積した確率の何番目と何番目の間かを列 I で求める．その整数が一つの乱数である．それらがポアソン分布に従う割合になることは，この操作を 10000 回繰り返して集計してみればよい（ヒストグラム）．
セル B3: =POISSON(A3,$B$1,FALSE)．セル C3: =SUM(B$3:B3)．
セル H2: =RAND()．セル I2: =COUNTIF($C$3:$C$24,”<”&H2)．
セル D3: =COUNTIF($I$2:$I$10001,A3)．セル E3: =B3*$G$1.

は，実際に生成された整数の個数の割合のグラフを描いてポアソン分布で期待される割合と比較すると確かめられる（図 1.8 の中のヒストグラム）．

なお，こうしたポアソン分布に従う乱数の生成をエクセルで実行しようとしても限界がある．ポアソン分布は 0 以上のすべての整数をとるので，強度が 4 のような小さい場合でも，可能性としては 100 や 1000 が生成されうる．実用上，あまり小さい確率のところまで考える必要はなく，ほどよいところで打ち止めにしてかまわないように思えるが，この「小さい確率」を甘く見てはいけない．例えば 100 個のポアソン分布に従う乱数を作りたいとき，確率 1/100 以下は必要ないだろう，と思ったらとんでもない間違いである．確率が 1/100 でも，100 回やって 1 度も出ない確率は $(1-0.01)^{100}=0.366$ なので，なんと 64%の確率で少なくとも 1 回出てしまうのである．確率 1/1000 でも 100 回の中では $0.999^{100}=0.905$ なので，まだ 10%くらいの確率で出現するから無視できない．1/10000 でようやく 1%,

10 万分の 1 で 0.1%，100 万分の 1 で 0.01%である．強度 4 でたった 100 個生成するにしても，少なくとも 20 くらいまで[42] は用意しておきたい[43]．

例えば図 1.8 の表を見て，「どうせ大きな数は出にくいからと」10 で切ってしまうと，0.992… より大きな乱数が出たらそれがどんなに 1 に近くてもすべて 10 としてしまう．しかし 0.999 より大きい乱数は 100 回の間でなら 10%近い確率で生成されてしまうため，本来 11 個や 12 個作るべきところを逃してしまう可能性があるのである[44]．

実際のデータを扱っていると，様々な乱数発生をしたい場面に出会い，計算ソフトが作ってくれない場合も出てくる．そうした場合に備え，計算ソフトで作れる乱数も，練習として自分で工夫して作成してみることを勧める．また，実際のところ，乱数生成法は確率分布に応じて様々な方法が提唱されている[45]．累積した確率を用いる方法は上記のような欠陥もあり，とりうる値が有限個に限られている場合に使うのが無難であろう．

42) 強度 4 のポアソン分布で 21 以上が出る確率は 10 億分の 1 以下．

43) もちろん実際にポアソン分布に従う乱数を生成するときは，エクセルに図 1.8 のようなシートを用意して作成するのでなく，統計ソフトに入っている乱数作成ツールを使うほうがいい．

44) たくさん生成すると，小さな確率でしか起きない現象も少なくとも 1 回起こってしまう．こうした感覚も，こうした計算練習を繰り返すことで養ってほしい．

45) 文献 [10] の第 11 章などに解説がある．

2 ポアソン分布モデルと最尤法

前章では，序文に挙げた最初の疑問に対する答えを示した．この章では，序文に挙げた二つ目の疑問，「面積 100 に密度 1.0 だからといって必ずしもぴったり 100 個の点を配置させなくてよいなら，面積 100 に 100 個あったからといって必ずしも密度は 1.0 と言えないのではないか」に答える．

2.1 本数 / 面積は密度か

第 1 章で，密度（頻度）r のランダムな点配置を面積 A（長さ L）の中に作る方法は理解できた．一方，実際のデータを扱う側にとって大切なのは，点配置の作り方でなく，点配置のようなデータが与えられたときにそれをどう分析するかである．

表 2.1 は，知床半島にある143 m×139 m の調査区（面積約 1.99 ha）[1] の中にある 4 つの樹種の直径[2] 10 cm 以上の本数と，それを面積で割った値で，通常，密度（単位面積は 1 ha）と呼ばれるものである．

第 1 章で論じたように，密度が 4 でなくても面積 1 に 4 個の点が生成されうる．逆に言えば，密度が本数 / 面積に等しくなくても，調

[1] もともと 2 ha の調査区だったが，後により正確な測量を行った．本書では正確な長方形をとれる部分を用いることにした．論文 [17] や文献 [7] の第 2 章などに登場している．

[2] 正確には胸の高さでの直径（胸高直径）．本書では略して直径と書く．

表 2.1 北海道知床半島に設置した 1.99 ha の森林調査区の中に観察された 4 つの樹種の 1994 年における本数と密度（単位は 1 ha）．

樹種	本数	密度
ミズナラ	15	7.55
イタヤカエデ	69	34.67
トドマツ	184	92.46
エゾヤマザクラ	12	6.04

査区にその本数の木が生えていることもある．面積 2 のところに 15 本あれば密度は 7.5 と言いたくなるが，第 1 章を振り返ると，実際のデータに対して，本数 / 面積 = 密度とするのは軽率なのではないか，という懸念が湧いてくる．

2.2 統計モデルの根底にあるもの：確率分布

ところで，表 2.1 のようなデータからどのような目的があって，我々は密度を計算するのだろう．最も多いと思われるのは，予測である．データはあくまで限られた調査区での本数であって，広い森全体の本数ではない．でも密度を求めることで，森の面積がわかれば木の本数は密度 × 面積でもって予測できる．「予測」というと将来予測など未来をイメージしがちだが，森全体の木の本数は現時点についての予測であるし，「過去に何が起こったか」という予測もある[3]．本書では「予測」という言葉をこうした広い意味で用いる．

[3] 「推定」という言葉も用いられる．

予測をするには，何かを仮定する必要がある．森全体の木の密度の例では，その森の木はどこでも調査区と同じ密度で生えている，という仮定をおく場合が多い．しかし，第 1 章で見たように，「全体の平均的な密度が r だからといって面積 A の調査区に必ずしもぴったり rA 本の木が生えている必要はなく，ランダムな変動を伴う」という仮定も伴ってくる．当然，手にしているデータはそんな中の一例である，という仮定も入ってくる．

統計モデル[4] を用いるデータ解析法では，ランダムな変動を伴う現象の中で数式で表される部分を確率を含む数式で表し，データはそんな現象の一例であると考える．

[4] 統計モデルの定義は 2.6 節．

表 2.1 の例に対しては，例えば「この森の木は密度 r のランダムな点配置になっており，したがって，面積 A の調査区に生えている木の本数は強度 rA のポアソン分布に従う」というモデルが考えられる．

「モデル」という言葉からは，ニュートンの運動方程式とかアインシュタイン方程式とか，究極の真理を表現するようなイメージを連想するかもしれない．しかし，(残念なことに？) 統計解析で用いるモデルはそのような高級なものではない場合が大半である．手にしているデータから必要な予測を立てることを一つの目的とし，実用上満足いく予測ができるなら何でもよい，という場合もあるし，最初は自然界の真理から遠くてもいいから観察されたデータをある程度説明できるモデルから始め，しだいに究極の真理に迫っていく，という場合もある．あるいは，複雑な現象の複雑なデータから何らかの傾向を発見したい場合に，データのグラフ化などに加えてモデルを用いるし，定量的な評価を与えたいときにも，モデルは有効である[5]．

5) 文献 [7] や文献 [8] に，モデルを利用した定量的評価や他の応用例がある．

森の木の本数のモデルには密度 r という未知の数が入っている．逆にこれがわかれば森全体の本数などの予測ができる．こうした未知の数をパラメータ (parameter) といい，この推定が統計モデルの重要な目的の一つである．

また，統計モデルから得られる予測は，森全体の木の本数という 1 個の数値ではない．本数はランダムな変動を伴うので，何本である確率がいくつである，何本以上である確率はいくつである，何本から何本の間である確率はいくつである，という風に，不確実さを伴う形の予測である．その中に入っているパラメータについても，いくつである，と断定するのでなく，いくつである可能性が最も高い，いくつといくつの間に入っている確率は 95%以上である，のように推定する．

統計モデルには，こうした「あいまいさ」がつきまとう．これは欠点でもあるし，自然界や人間社会の複雑な現象に伴うあいまいさを厳格な数学の中でうまく吸収できるという利点でもある．

2.3 未知パラメータの推定：尤度と最尤法

パラメータ推定は統計モデルの主要な目的なので，古くから様々な方法が提唱されている．そんな中で最も基礎的であり，現在なお種々の推定法の基盤となっているのが最尤法[6]である．

6)「さいゆうほう」と読む．

表 2.1 の中のミズナラが，強度 rA（A は 1.99 という定数）のポアソン分布に従っていると仮定する．これをポアソン分布モデルと呼ぶことにする．このモデルの元で k 本観察される確率は，式 (1.6) から，

$$\frac{e^{-rA}(rA)^k}{k!} \tag{2.1}$$

行\列	A	B	C	…	L	M	N	O	P	Q	…	AB	…
1			強度r										
2			5	…	6.8	7	7.2	7.4	7.6	7.8	…	10	…
3		0	0.000	…	0.000	0.000	0.000	0.000	0.000	0.000	…	0.000	…
4		1	0.000	…	0.000	0.000	0.000	0.000	0.000	0.000	…	0.000	…
5		2	0.002	…	0.000	0.000	0.000	0.000	0.000	0.000	…	0.000	…
⋮		⋮	⋮										
16	観察された本数k	13	0.072	…	0.109	0.107	0.103	0.099	0.094	0.089	…	0.028	…
17		14	0.051	…	0.105	0.106	0.106	0.104	0.102	0.098	…	0.040	…
18		15	0.034	…	0.095	0.098	0.101	0.102	0.102	0.102	…	0.053	尤度
19		16	0.021	…	0.080	0.085	0.090	0.094	0.097	0.098	…	0.066	…
20		17	0.012	…	0.064	0.070	0.076	0.081	0.086	0.090	…	0.077	…
21		18	0.007	…	0.048	0.054	0.060	0.066	0.072	0.077	…	0.085	…
⋮		⋮	⋮		⋮	⋮	⋮	⋮	⋮	⋮		⋮	
33		30	0.000	…	0.000	0.000	0.000	0.000	0.000	0.000	…	0.008	…
⋮		⋮	⋮		⋮	⋮	確率	⋮	⋮	⋮		⋮	
48		45	0.000	…	0.000	0.000	0.000	0.000	0.000	0.000		0.000	
49		合計	1.000	…	1.000	1.000	1.000	1.000	1.000	1.000		1.000	
50						調査区面積	1.99						

図 2.1　ミズナラの本数に対してポアソン分布モデルを適用した場合の尤度関数を計算させるための数表．一つ密度を決める（行 2）と，整数 k（列 B）に対し，そのデータが得られる確率が決まる．これらを縦に加えると総和は 1 になる（厳密には無限大まで考えられるが，式 (2.1) の値は k が大きいとほぼ 0 なので $k = 45$ で打ち切った）．データが与えられたとき（今の場合 $k = 15$），その行だけを（横に）見ると，尤度関数の変化を見てとれる．
セル C3: =EXP(−C$2*$N$50)*(C$2*$N$50)^$B3/FACT($B3) または =POISSON($B3,C$2*$N$50,FALSE).

となる．これを様々な r と k について計算したのが図 2.1 である．

表 2.1 によれば，ミズナラは 15 本観察されている．各パラメータ r の値に対してこのデータが観察される確率は式 (2.1) で $k = 15$ としたものである．その場合，式の中の A も k も与えられた定数だから，未知数は r しかなく，式 (2.1) は r の関数とみなせる[7]．これを**尤度**[8](likelihood) という．未知パラメータ r の関数であることを明示して $L(r)$ と書くこともあり，そのときは**尤度関数** (likelihood function) と呼ばれる．

$$L(r) = \frac{e^{-rA}(rA)^k}{k!} \tag{2.2}$$

尤度自体はそのモデルの元でそのデータが得られる確率である．ただ，確率というと考えられるすべての事象に対して数値が与えられていて，すべて加える[9]と 1 になる．一方，尤度関数では事象は一つ[10]に固定されており，頻度 r は様々な値をとりうる[11]．同じ数

[7] r は図 6 の黒い水平の矢印に沿って動く．それに応じて式 (2.1) の値はその上の数値のように変化する．

[8] 「ゆうど」と読む．

[9] 図 2.1 では灰色の矢印に沿って縦に加える．

[10] データの数値，今の場合は 15 本という 1 個の数．

[11] 図 2.1 で横に見る．当然加えても和は 1 にはならない．より正確には，r は任意の実数をとりうるので，様々な値における和ではなく，積分 $\int_0^\infty L(r)dr$ をとるべき．

値であるが見方が異なるので，確率でなく尤度という用語を用いる．なにも同じ数量を言葉を変えて呼ばなくてもよいように思うかもしれないが，図 2.1 を縦でなく横に見るという単純なものの見方の変化が，今日の統計学の根幹をなす概念の出発点になってくる．最初は騙されたと思って，どんな状況では確率でなく尤度と呼ぶべきかなどを意識しながら尤度という言葉を用いることを勧める．

尤度の値は本を正せばそのモデルの元でそのデータが生成される確率なのだから，例えば，あるパラメータ値で尤度が 0.01 なら，そんなパラメータのモデルでは自分が手にしているデータはわずか 1/100 の確率でしか生成されない．別なパラメータの尤度が 0.5 なら，そのパラメータ値のモデルからは確率 1/2 でそのデータが生成される．そのデータの生成者として，後者のほうが尤（もっと）もらしく思える．尤度の値が高いモデルほど尤もらしい，と考えるのは自然だろう．それを突き詰めれば，尤度関数の値を最も高くする値をパラメータとするモデルが最も尤もらしいように思える．

図 2.1 の中では $r = 7.4 \sim 7.8$ のとき，尤度関数（式 (2.2) の値）は最も高くなっている．しかし，この表にない数値でもっと尤度の高くなる密度があるかもしれない．図 2.1 より細かく 0.001 刻みで r を動かして尤度関数をグラフにしたのが図 2.2 である．ここでは $r = 7.546$ のときが最大となっている．

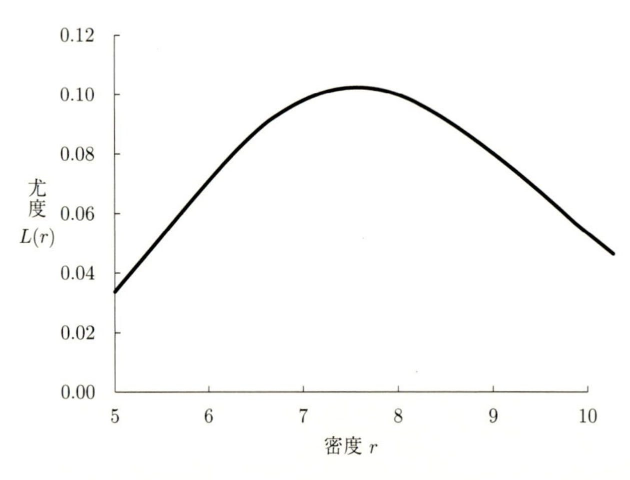

図 2.2 ミズナラの本数にポアソン分布モデルを適用したときの尤度関数のグラフ．

もっと尤度関数を高くするパラメータ値があるかもしれない．その値をみつけようと思っても，そもそも数値は無限にあるので，図2.1のような数表を作るだけでは求められない．しかし，今日の統計や数学のソフトには，与えられた関数を最大にする数値を計算させるコマンドが組み込まれている．表計算ソフトエクセルにも「ソルバー」という機能がある．そこで，尤度が最大となる r を計算させてみると，$r = 7.54641$ という数値が得られた．

このような，尤度関数を最大にする値を計算して未知パラメータを推定する作業を**最尤法** (maximum likelihood method)，得られた数値を，**最尤推定値** (maximum likelihood estimate) という．

ところで，この数値をよく見ると，本数/面積 $= 15/1.9877\cdots = 7.54641\ldots$ の数値とピタリと一致している．これは単なる偶然だろうか．

ソルバーのような機能は便利だが，計算を実行する際，最初に初期値を指定する必要があり，初期値によって得られる数値が異なってしまう場合も（特に最大にしたい関数が複雑な場合は）ある．その点，数学として最大値を求められるならそこに疑う余地はなく，気分もスッキリする．最大値を求める標準的な方法は，微分して導関数が0となる値を調べ，増減を明白にするというものである．式(2.2)を r で微分すると，

$$\frac{dL(r)}{dr} = \frac{-Ae^{-rA}(rA)^k + e^{-rA}kA(rA)^{k-1}}{k!}$$

$\frac{dL(r)}{dr} = 0$ とおいて，$-rA + k = 0$，すなわち，

$$r = k/A$$ [12]

のとき，尤度関数 $L(r)$ の値は最大となることを確かめられた[13]．k/A は取りも直さず本数を面積で割った値にほかならない．つまり最尤推定量は，通常我々が密度と呼んで計算しているものである．逆に言うと，我々はふだん，データにポアソン分布モデルを適用したときの最尤推定値を密度として慣習的に用いているのである．「尤度が最も高くなる時が最も尤もらしい」という「感覚」に基づく計算は，「なるほど，尤もらしい」とうなずける結果を与えてくれるのである．

なお，微分の計算等は，式(2.2)のままするより，対数をとった式

12) 最尤推定値を，実際の数値でなく，このように数式を用いて表す場合，**最尤推定量** (maximum likelihood estimator) という．

13) 厳密には，$\frac{d^2L(r)}{dr^2}$ が $r = k/A$ のときに負であることを示さないと，最小や変曲点である可能性を否定できない．

のほうが楽である[14]．式 (2.2) の対数をとると，積は和に変わり，

$$\ln L(r) = -rA + k\ln(rA) - \ln(k!)$$

という単純な式になる．これを**対数尤度関数** (log-likelihood function) とよび，$l(r)$ と書くことにする[15]．

$$l(r) = -rA + k\ln(rA) - \ln(k!) \tag{2.3}$$

対数尤度関数のほうが導関数の計算も少し容易で，

$$\frac{dl(r)}{dr} = -A + \frac{k}{r}$$

となり，$= 0$ とおいて $r = k/A$ を得る．確かに対数をとっても同じ最尤推定量を得た．また，対数尤度関数なら 2 階の導関数の計算も容易で，$\frac{d^2l(r)}{dr^2} = -\frac{k}{r^2} < 0$ となるので，$r = k/A$ のとき確かに最大になっていることがわかる[16]．

14) 対数は単調増加関数なので，対数をとったものを最大にする値と元の式を最大にする値は等しい．なお，尤度の対数を**対数尤度** (log-likelihood) という．

15) 本書では尤度関数には大文字の L，対数尤度関数には小文字の l を用いる．

16) 対数尤度の最大値（最尤推定値における対数尤度関数の値）を最大対数尤度 (maximum log-likelihood) という．

2.4 ポアソン分布モデルの尤度

森林樹木の調査は，一つでなく複数の調査区を設けて行う場合も多い．その場合，ポアソン分布モデルはどう表され，尤度や最尤推定量はどうなるだろう．

表 2.2 は，青森県八甲田山麓のブナ 2 次林に設置した 18 個の 5 m×10 m の調査区[17] における 5 つの樹種の観察された本数（直径 3 cm 以上，ブナは 2.5 cm 以上）である．1978 年に人による伐採が行われ，その跡に自然に生えてきた 2 次林で，多数の細い木が密集して生えている．調査区も小さなものとなっている．

こうしたデータに対して，たいていの人は 18 個を平均した数値（またはそれを単位面積に換算した数値）を（平均）密度として算出するだろう．一方，前節のように，この 18 個の数値がある強度のポアソン分布に従って得られたと仮定し，このデータにポアソン分布モデルを適用し，最尤法を実行するとどうなるだろう．それにはまず，尤度関数を書く必要がある．

一般に n 個の調査区があり，i 番目 $(i = 1, 2, \ldots, n)$ の調査区で x_i 本観察されたとする．単位面積を 10 m×10 m=1a とし，ある種

17) 論文 [19] や文献 [7] の第 5 章などに登場する．

表 2.2　青森県八甲田山麓のブナ 2 次林に設置した 18 個の 5 m×10 m の調査区で観察された 5 つの樹種の本数．下の行はデータの平均と 10 m×10 m を単位面積としたときの密度．

調査区番号	ブナ	コシアブラ	ナナカマド	ハウチワカエデ	ホオノキ
1	54	3	3	0	1
2	45	1	3	8	2
3	71	7	2	0	3
4	82	0	3	1	3
5	34	13	7	4	1
6	66	0	10	0	0
7	63	12	0	0	0
8	63	9	0	0	2
9	58	8	0	2	0
10	68	8	1	0	0
11	88	5	1	0	0
12	42	2	2	1	2
13	54	2	0	3	0
14	79	0	1	0	0
15	57	3	1	1	3
16	82	4	1	1	2
17	57	6	4	1	0
18	59	24	0	0	1
平均	62.3	5.9	2.2	1.2	1.1
密度	124.67	11.89	4.33	2.44	2.22

の木が密度 r のランダムな配置で生息しているとする．i 番目の調査区の面積を A_i とすると[18]，調査区 i で x_i 本観察される確率は，

$$\frac{e^{-rA_i}(rA_i)^{x_i}}{x_i!}$$

である．

今，こんなデータが $n=18$ 個ある．1.3 節で述べたように，ポアソン分布を作り出すランダムな点配置では，わずかに離れた所でもイベント（点）が発生するかどうかは独立と仮定した．したがって，異なる調査区でのデータは互いに独立とみなす．独立な 2 つの現象が起こる確率は，それぞれが起こる確率の積である．したがって，n 個の調査区で $(x_1, x_2, \ldots, x_n)$ というデータが得られる確率は，上の式の n 個の積，

$$\prod_{i=1}^{n} \frac{e^{-rA_i}(rA_i)^{x_i}}{x_i!}$$

となる．これを密度 r の関数とみなした，

18) 今はすべての調査区で A_i は等しく $A_i = 0.5$.

$$L(r) = \prod_{i=1}^{n} \frac{e^{-rA_i}(rA_i)^{x_i}}{x_i!} \tag{2.4}$$

が，表 2.2 のデータの各樹種の本数データに対するポアソン分布モデルの尤度関数である．

図 2.3a は，ホオノキという種のデータに対する様々な密度のときの尤度関数のグラフである．一見すると普通の滑らかなグラフに見えるが，縦軸をよく見ると，10 の −12 乗というとても小さいものになっている．確率という数値はすべて 1 より小さく，そんな数が

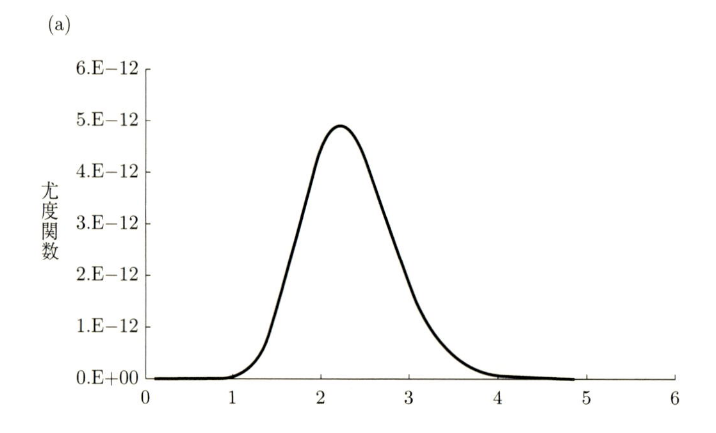

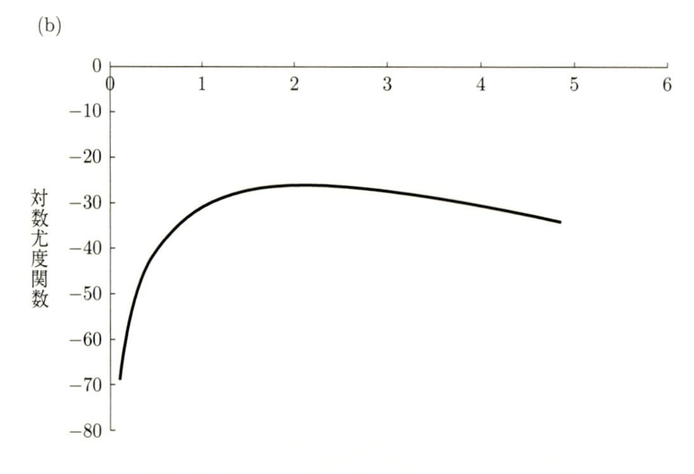

図 2.3 表 2.4 の中にある 18 個のホオノキの本数データにポアソン分布モデルを適用したときの (a) 尤度関数 $L(r)$（式 (2.4)）と (b) 対数尤度関数 $l(r)$（式 (2.5)）のグラフ．横軸は密度 r．

18個もかけ合わされたのだから仕方ない．こんなとき，対数は便利である．図2.3bは，式(2.4)の対数をとった対数尤度関数，

$$l(r) = \sum_{i=1}^{n}(-rA_i + x_i \ln(rA_i) - \ln(x_i!)) \tag{2.5}$$

の値だが，通常よく目にするくらいの大きさの数値になっている．

グラフを見ると $r = 2 - 2.5$ あたりで尤度関数も対数尤度関数も一番高くなっている．一方，表2.2から算出されるホオノキの単位面積(1a)当たりの平均本数2.22は，その中にある．

そこで，ソルバーを使って対数尤度関数が最大になる数値を探すと2.22を得た．まさしく1a当たりの平均本数（密度）と一致した．

2.3節と同じような計算により，複数個の調査区のデータでも，それらの平均の値のときに対数尤度関数が最大となることを示すことができる．対数尤度関数 $l(r)$(式2.5)を r で微分すると，

$$\frac{dl(r)}{dr} = -\sum_{i=1}^{n} A_i + \frac{\sum_{i=1}^{n} x_i}{r}$$

となるから $= 0$ とおいて，

$$r = \frac{x_1 + x_2 + \cdots + x_n}{A_1 + A_2 + \cdots + A_n}$$

のときに $l(r)$ は最大となる．これが最尤推定量である．なお，統計モデルの世界では，パラメータの最尤推定量は，パラメータを表す文字の上にハット記号 ($\hat{}$) をつけて表す慣習がある．n 個のカウントデータ $(x_1, x_2, \ldots, x_n)$ にポアソン分布モデルを適用したときの最尤推定量は，

$$\hat{r} = \frac{x_1 + x_2 + \cdots + x_n}{A_1 + A_2 + \cdots + A_n} \tag{2.6}$$

となる．ちなみに，調査面積がすべて同じ A だったら，

$$\hat{r} = \frac{x_1 + x_2 + \cdots + x_n}{nA} = \frac{1}{A} \cdot \frac{x_1 + x_2 + \cdots + x_n}{n} \tag{2.7}$$

となり，まさしく本数のデータの平均を面積で割ったものとなる．

なお，推定する量を密度でなく，（調査面積を固定して）木の本数とし，それが強度 λ のポアソン分布に従う，というモデルを考えると，尤度関数は，

$$L(\lambda) = \prod_{i=1}^{n} \frac{e^{-\lambda}\lambda^{x_i}}{x_i!} \tag{2.8}$$

対数尤度関数は,

$$l(\lambda) = \sum_{i=1}^{n} (-\lambda + x_i \ln(\lambda) - \ln(x_i!)) \tag{2.9}$$

となるので,最尤推定量はデータの平均,

$$\hat{\lambda} = \frac{x_1 + x_2 + \cdots + x_n}{n} \tag{2.10}$$

となる.

2.5 モデルでデータを説明できるか 1

人の作った統計モデルが適切なら,森全体の木の本数などの予測に使える.その妥当性は,そのモデルに従って実際にデータを作ってみるのが一番わかりやすい.データというと自然や人間社会から収集されるというイメージを伴うが,パソコンの中で人工的に作った数値もデータと呼ばれる.区別が必要な時は,実データ (real data)・人工データ (artificial data) といった言葉が使われる.

ポアソン分布モデルの場合,最尤推定値に調査区の面積をかけた数値を強度とするポアソン分布に従って 0 以上の整数の乱数を 18 個生成し,表 2.2 の実データと似ているかどうかを調べる.作られたデータがピッタリ同じなら問題なし,と思うかもしれないが,取りうる値が多く(実データでは 0 から 8 まで),かつデータが 18 個もあると,すべての調査区で全く同じ本数というデータは滅多なことで得られない.そうでなく,「似たような」データが頻繁に得られるかどうかを調べる.この「ピッタリ同じ」を目指さない点が肝心で,よくやられているのは,データの性質がよく反映される集約統計量 (summary statistics) を計算し,その数値を実データと人工データについて比べるというものである.

この節では,最も単純な集約統計量を用いた比較として,データの中で k 本というデータ(k は 0 以上の整数)が n 個の調査区の中で何個あったか数えるという方法を紹介する.

まず,18 個のポアソン分布に従う乱数からなる人工データを作り,18 個の中に k 本というデータが何個あるか数える.この作業を 1000 回くり返す.もし,ある k で実データが 1000 回のどれよりも多い

（または少ない）個数になっているなら，そのモデルの下では 1000 回に 1 回も起こらないことが現実に起こっている．これは偶然とは言い難く，モデルではデータを説明できないと判断する．

実際のところ，1000 回に 1 回もないほどの偶然でなく 1000 回に 50 回も起こらない（5%以下）でも十分で，その場合，各 k について，その上から 25 番目と下から 25 番目の数値を見る．実際のデータがこれらより外にあるなら，そのモデルでデータは説明できないと考える．図 2.4a はホオノキについて，1000 回のシミュレーショ

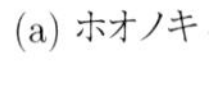

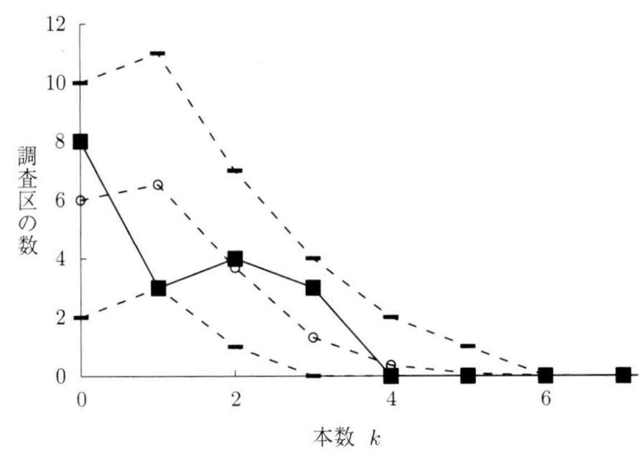

(b) ナナカマド

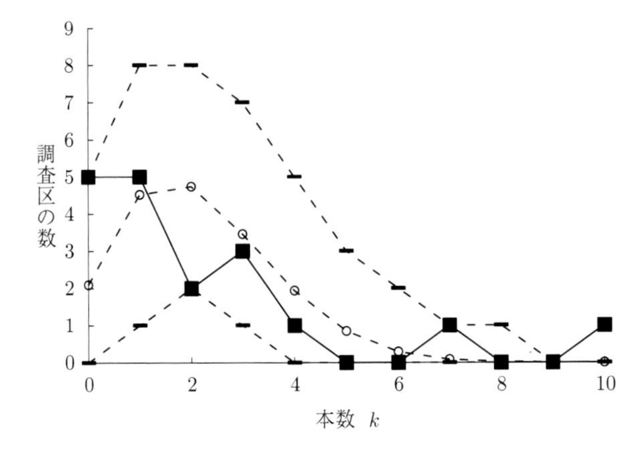

図 2.4　最尤推定値を用いたポアソン分布モデルで表 2.2 にある (a) ホオノキと (b) ナナカマドのカウントデータを説明できるか試した結果．

ンを行った結果である．5%以下でしか起こらないデータは見られないので，ポアソン分布モデルで説明できそうである．

図 2.4b はナナカマドの場合である．表 2.2 のように，ある調査区では 10 本も観察されているが，1000 回のシミュレーションで 1 度も作られなかった．ナナカマドは，ポアソン分布モデルで説明できないようである．

最尤推定値を用いたモデルでデータを説明できなかったとき，こんな統計モデルはダメだとばっさり捨てるのでなく[19]，どうしてダメなのか，統計数理及び扱っている対象やそのデータ収集現場の観点からしっかり考えることが大切である．

一般に，モデルを作る際に様々な仮定を設ける．表 2.2 のデータにポアソン分布モデルを適用する際に仮定したことを列挙してみる．

(1) 木の配置はランダムである（だからポアソン分布に従う整数値がデータとなる）．
(2) 密度はどこでも同じである．ある調査区はその木の生息に適していて本数も多いが，別な調査区は環境が悪く密度も薄い，といったことがない．
(3) 18 個の調査区は互いに独立と仮定したことは，例えば，「ある場所に生えているということはその親木が近くにあったはずで，そうするとその親木の子がまだ近くにいる可能性が高いから，そのあたりの密度は高くなる」とか，逆に「ある場所にその木が多いとそこで種子を使い果たしたから近隣の密度は下がる」，といったことが一切ない，ということを意味する．
(4) 観察数に誤り（見落とし，種の間違い，調査区が 5 m×10 m から著しくずれている，等々）はない．

これらの仮定のどこかに問題があったに違いない．

(4) は現場での調査方法が適切だったかという問題である[20]．一方，(1)–(3) は，生物学的に理にかなった指摘である．そして，こうした誤りを「反省」しただけでは進歩はない．環境条件など，必要なデータで収集できるものがあれば収集した上で，こうした要因を考慮したモデルを構築し，ひとつずつ克服していくのである[21]．

なお，図 2.4 にあるような検証を行ったときに注意を要する点として，上下 25 番目の間にすべてのデータが入っているからといって，必ずしもそのモデルでデータが生成されたとは言えないということ

19) いわゆる統計的仮説検定と目的が異なる点に留意してほしい．仮説検定では，帰無仮説のもとでデータの確率が小さい（通常 5%以下）ならばっさりと棄却する．それにより，対立仮説が支持される．一方，ここでは，この統計モデルでデータを説明できそうかを確かめている．

20) 著者自身も調査しており，(4) は考えにくい．

21) 第 5 章に (2) を考慮したモデルの例，文献 [7] の第 7 章に (3) を考慮したモデルの例がある．こうしたモデルと現場のフィードバックは統計モデルを用いる研究の醍醐味である．

が挙げられる．一般に，人が作った統計モデルが不適切であると判定して却下する基準はいろいろ設けられる．しかし，これならOKだ，という基準はない．一般に統計モデルが自然界の真理であるはずないから，当然といえば当然のことである．「モデルが正しい」ということを「自然界の真理である」の意ととらえるなら，「すべての統計モデルは正しくない．単にそのモデルでデータを説明できそうに見えるに過ぎない」と豪語せざるをえない．

この点を押さえた上で別なモデルの検証法を紹介するが，その前に統計モデルの背景にある考え方や，そこで使われる数学の概念（用語）について整理しておく．

2.6 統計モデルと確率分布

表2.1や表2.2のようなデータにポアソン分布モデルを適用するとき，式(1.6)の中の文字（k, λ）が何に対応しているかというと，kは個数というデータ，λはrAという形でモデルに入っており，その中のAは調査区の面積というわかっている定数だが，rは未知のパラメータで，その推定が問題のひとつである．

kは$0, 1, 2, \ldots$という整数をとり，各kに対して式(1.6)の確率が付随している．「kという値とそうなる確率が$P(k)$である」をよりわかりやすく書くため，統計学ではもうひとつXという文字を用意し，

$$P(X = k) = P(k) \tag{2.11}$$

と書く．

このXは$0, 1, 2, \ldots$といういろいろな整数をとる（定数でなく）変数である．かつ，その一つひとつに$P(X = k) = P(k)$という確率が付随している．確率$P(k)$は0と1の間にあり，Xの取り得るすべてのkについて$P(k)$を加えると（起こるのはそのいずれかなので）1になる．

$$\sum_{k=0}^{+\infty} P(k) = 1$$

実際，強度λのポアソン分布では，式(1.6)より$P(k) = \frac{e^{-\lambda}\lambda^k}{k!}$で，全部加えると，

$$\sum_{k=0}^{+\infty} \frac{e^{-\lambda}\lambda^k}{k!} = e^{-\lambda} \sum_{k=0}^{+\infty} \frac{\lambda^k}{k!} = e^{-\lambda} e^{\lambda} = 1$$

と，確かに総和は 1 になっている[22]．

このように，各値に対して 0 と 1 の間の数値 (確率) が付随し，その総和が 1 になっているような変数のことを**離散型確率変数** (discrete random variable) という．この変数とそれに付随している確率の組を**離散型確率分布** (discrete probability distribution) という[23]．

一般に，統計モデル (statistical model) では，データは何らかの確率変数がその確率分布の定める確率に応じて[24] 起こったひとつの実現と考え[25]，その確率分布を数式で表す．2.3–2.4 節のポアソン分布モデルでは，それは強度 rA のポアソン分布で，0 個，1 個，2 個，... というデータは離散型確率変数（の実現）に対応する．そして，慣習的に確率変数は大文字の X などで表し，そのひとつの実現には小文字を用いて区別する．データは確率変数の実現と考えるので，本書でも小文字で表す．

こうした約束のもとで，2.3–2.4 節のポアソン分布モデルは，

$$k \sim Poisson(rA) \tag{2.12}$$

と表現される．式 (2.12) は，データ k がそれぞれ強度 rA のポアソン分布のランダムな実現であることを意味する．

その統計モデルの下で，具体的な確率変数の値をその確率に合わせて（確率分布に従って）とってくることをランダムサンプリング (random sampling) という．この言葉を使うと，統計モデルでは，「データは，ある確率分布に従うランダムなサンプルの 1 セットと考える」と言える．

本書では，「確率変数の実現」と「ランダムなサンプル」は同じ意味であり，「確率分布からのランダムサンプリング」「シミュレーションで確率変数の実現値を生成する」「シミュレーションで人工データを作る」はすべて同じ意味である．ある確率分布からの互いに独立なサンプルは乱数 (random number) とも呼ばれ，確率分布の名前を冠して，（強度 λ の）「ポアソン乱数」のように呼ぶ．序章からたびたび出てきた 0 と 1 の間の一様な乱数は，正確には 0 と 1 の間の**一様分布** (uniform distribution) [26] からのランダムなサンプル[27] を意味する．

22) テーラーの展開式 $e^x = \sum_{k=0}^{+\infty} \frac{x^k}{k!}$ を用いた．

23) 連続型と合わせてそれぞれ，確率変数，確率分布という．特に区別する必要のないときは，「離散型」を付けない．

24) 対応する確率が高い確率変数の値を多く，対応する確率の低い確率変数の値は少なく．

25) 2.5 節の検証は，まさしくこの統計モデルの発想通りのことを実行したわけである．

26) 一般に a と b の間の一様分布は，確率密度関数が $f(x) = \begin{cases} \frac{1}{b-a} & a < x < b \\ 0 & x \le a, x \ge b \end{cases}$ で定義される．

27) 一様乱数という．

与えられたパラメータ値に対し，データに対して確率分布が定める確率[28] を対応させることで，その統計モデルの下でそのデータが実現する確率（尤度）が得られる．それが高いほうが尤もらしい，と考えるのが最尤法，というわけである．

28) 独立なデータが複数あればそれらの積．

2.7 ポアソン分布の期待値と分散

一般に，$P(X = k) = P(k)$ で定まる離散型確率分布に従う確率変数 X の期待値と分散は，以下のように定義される．

期待値 (expected value)

$$E(X) = \sum_k kP(k) \tag{2.13}$$

期待値は平均 (mean) とも呼ばれる．平均と聞くと，n 個のデータ $\mathbf{x}_{1:n} = (x_1, x_2, \ldots, x_n)$ [29] を足してデータ数 n で割った，

29) 本書では，n 個のデータという n 次元ベクトルを $\mathbf{x}_{1:n}$ という記号で表す．

$$\bar{x} = \frac{\sum_{i=1}^{n} x_i}{n} \tag{2.14}$$

を連想するかもしれない．統計学ではこれを**標本平均** (sample mean) と呼び，確率変数の平均（期待値）と区別する意識を持っているほうがいい．

ポアソン分布について期待値を計算してみる．

$$\begin{aligned} E(X) &= \sum_k kP(k) = \sum_{k=0}^{+\infty} k \frac{e^{-\lambda}\lambda^k}{k!} \\ &= e^{-\lambda}\lambda \sum_{k=1}^{+\infty} \frac{\lambda^{k-1}}{(k-1)!} = e^{-\lambda}\lambda e^{\lambda} = \lambda \end{aligned} \tag{2.15}$$

つまりポアソン分布では，期待値は強度と等しい．

期待値は，確率変数の関数 $f(X)$ についても，同じように定義できる．

$$E(f(X)) = \sum_k f(k)P(k)$$

確率変数 X の分散は，$(X - E(X))^2$ という確率変数の関数の期待値，式で書くと，

$$V(X) = E(X - E(X))^2 = \sum_k (k - E(X))^2 P(k)$$

で定義される．

なお，分散についても，データ $\mathbf{x}_{1:n} = (x_1, x_2, \ldots, x_n)$ から計算される，

$$\frac{\sum_{i=1}^n (x_i - \bar{x})^2}{n} \tag{2.16}$$

は**標本分散** (sample variance) と呼ばれ[30]，確率変数の分散とは区別する意識を持っておきたい．

ポアソン分布の分散の計算は，まず $E(X(X-1))$ を式 (2.15) と同じようにして求める[31]．それから，確率変数の分散についてどの確率・統計の教科書にも出ている公式，

$$V(X) = E(X^2) - (E(X))^2$$

と，

$$E(X(X-1) = E(X^2) - E(X)$$

を用いることで，期待値と同じく強度 λ に等しくなることが示される．

30) 確率・統計の本の中には，次節にある式 (2.17) を「標本分散」と呼ぶものもある．

31) 式 (2.15) における分母の $(k-1)!$ が $(k-2)!$ になり，答えは λ^2 になる．

2.8 不偏推定量：分散の推定は $n-1$ で割る理由

ところで，データからの分散の計算では，式 (2.16) でなく，

$$\frac{\sum_{i=1}^n (x_i - \bar{x})^2}{n-1} \tag{2.17}$$

を用いるよう習った人も多いだろう．これは，不偏分散（分散の不偏推定量，unbiased estimator of variance）と呼ばれるものである．

一般に，真のパラメータが θ_0 のとき，データ $(x_1, x_2, \ldots, x_n) = \mathbf{x}_{1:n}$ からこの未知パラメータ θ を推定する式 $\theta(\mathbf{x}_{1:n})$ を考えたとする．$\theta(\mathbf{x}_{1:n})$ は n 個の確率変数のベクトル $(X_1, X_2, \ldots, X_n)$ という確率変数の関数なので，その期待値を考えることができる．それが以下の条件を満たすとき，**不偏推定量** (unbiased estimator) という．

$$E(\theta(\mathbf{x}_{1:n})) = \theta_0 \tag{2.18}$$

データが変わると推定値は変わる．しかし，不偏推定量であると，

その期待値は真値になっている．データによって，真値より大きい場合もあれば小さい場合もあるが，真値のまわりに公平にばらつく．一方，不偏でない推定値は，仮に真値に近い推定値になっていても，大き目になる傾向があったり小さ目になる傾向があったり，偏り（bias，バイアス）がある．これは推定量として好ましくない．

実は，データがサンプリングされた確率分布[32]の分散について，n で割る式 (2.16) でなく，$n-1$ で割る式 (2.17) が不偏推定量になることが，数学として証明されている[33]．だから，$n-1$ で割る式なら真の分散の上下に公平に散らばるが，n で割ると小さ目になる傾向（バイアス）が出る．こんな理由があって，$n-1$ で割る式のほうが教科書で紹介され，実際，実データ解析の現場でも多用されている．

32）統計学の教科書では「母集団」と書かれる場合が多い．

33）証明は文献 [5] の第 5 章などを参照．

ただ，なぜ $n-1$ で割ると不偏推定量になるかの証明は，短く 1–2 行で書けるものではない．そのため，多くの統計学の教科書が，最初のほうで $n-1$ で割る式を提示するものの，証明は後半の章に回したり省略したりする．統計学入門の第 1 歩が分散なのに，その計算（データからの推定法）でいきなり高度な数学が要求される雰囲気を醸し出す．これが統計学は難しいと誤解される一因と思われる．

ただ，偏りがないことを確認して納得するだけなら，パソコンでのシミュレーションで可能である．

本書ではポアソン分布が主役なので，ポアソン乱数について，標本分散と不偏分散による推定を比べてみる．表 2.3 は，強度 4 のポア

表 2.3　強度 4 の 20 個のポアソン乱数について，サンプル数 $n=20$ で割る標本分散の式を用いた場合と，$n-1$ で割る不偏分散の式を用いた場合で，平均的にどのくらい真の分散から外れるかを調べるための 1000 回シミュレーションの結果．$n-1$ で割る不偏分散のほうが真値 4 に近い．n で割る標本分散では，低めになっている．

1000 回の平均	4.017	3.817	サンプル番号							
	$n-1$ で割る	n で割る	1	2	3	4	5	6	⋯	20
1	5.31	5.05	0	2	5	5	7	1	⋯	3
2	6.27	5.96	2	1	3	9	1	6	⋯	9
3	3.25	3.09	4	6	3	3	4	6	⋯	3
4	4.09	3.89	2	2	4	6	3	4	⋯	6
5	3.73	3.55	2	2	2	7	4	3	⋯	1
6	3.25	3.09	4	6	5	8	4	3	⋯	2
⋮	⋮	⋮	⋮	⋮	⋮	⋮	⋮	⋮		⋮

ソン乱数を 20 個発生させ，分散を式 (2.16) と (2.17) で計算した結果である．個々の推定では，当然 $n-1$ で割る不偏推定値のほうが大きい値になっているが，不偏分散のほうが真値に近い場合もあれば[34] 標本分散のほうが近い場合[35] もあり，最初の 6 つの例を見ただけでは特に傾向は見出せない．ところが，この操作を 1000 回繰り返しその平均を見ると，不偏推定量を使った推定値ではまさに真値 4 と近い数値が出ているのに対し，標本分散によるものは真値より小さくなっている[36]．

以上が，分散は $n-1$ で割る式で計算せよと教わるゆえんである[37]．最初は，数学の証明を解読するより，パソコンで計算するほうが楽だし，実感とともに納得もいくだろう．

[34] 3,4,5,6 行目．

[35] 1,2 行目．

[36] 推定値は真値の下にやや多く散らばる傾向があるだけで，常に下に来るわけではない点に注意．

[37] サンプル数 n が大きいと両者の違いは無視できる．

2.9 モデルでデータを説明できるか 2

2.7 節のように，ポアソン分布には，平均も分散もその強度に等しいという性質がある．この性質は様々な場面で利用できるが，実データがポアソン分布に従っているかを確かめるのにも活用できる．標本平均 (2.14) と不偏分散 (2.17) を計算し，それらが「だいたい」等しいかどうかみるのである．表 2.2 のデータについて標本平均と不偏分散を求めると，表 2.4 のようになった．ホオノキでは両者は近いが，他の種では 3 倍以上も離れている．

表 2.4 表 2.2 にある 5 つの樹木のカウントデータを，ポアソン分布モデルで説明できるか試した結果．上の 3 行は，標本平均と不偏分散，その比．下の 3 行は，最尤推定値を用いたポアソン分布モデルから 1000 回，18 個からなるデータセットを生成し，それらの標本平均と不偏分散の比を求め，その上下 2.5%の値及び平均を示した．実データの比（4 行目）が 2.5%と 97.5%の間に入っていないなら，データはポアソン分布モデルで説明できないと判断する．

		ブナ	コシアブラ	ナナカマド	ハウチワカエデ	ホオノキ
実データ	標本平均	62.3	5.9	2.2	1.2	1.1
	不偏分散	210.2	36.2	7.1	4.2	1.4
	比	3.37	6.09	3.27	3.42	1.26
シミュレーションで得た比	2.5%	0.44	0.42	0.47	0.53	0.53
	97.5%	1.79	1.80	1.84	1.76	1.76
	平均	1.01	1.02	1.01	1.01	0.99

では，どのくらいの差までが「だいたい」同じなのだろう．これもまたシミュレーションで確かめればよい[38]．最尤推定値 × 調査面積を強度とするポアソン乱数をデータと同じ数だけ作り，その標本平均と不偏分散の比を計算する．データのこの比がシミュレーションの範囲外ならポアソンとみなせない．表 2.4 の下の行はその結果である．シミュレーションでは本当のポアソン乱数を作成しているので，不偏分散と標本平均はほぼ等しくなるはずだが，1000 回のシミュレーションの中には分散の大きい場合や小さい場合もあり，比（= 不偏分散 / 標本平均）は 0.5 くらいから 1.6 くらいまで広がっている．実際の観察本数の比を見ると，ホオノキの 1.26 は 95%の範囲内であるが，3 を超す比を出している樹種は範囲外である．2.5 節同様，ホオノキ以外はポアソン分布モデルで説明できそうにないことが確かめられた．

38) 平均と分散の比については理論もあるが，本書ではシミュレーションで確かめることにした．

くりかえしになるが，仮に 95%の範囲内に入っていたとしても，それはそのデータがそのモデルで説明できそうなことがわかっただけで，説明できることが証明されたわけではない．

2.10 最尤推定値は最も尤もらしいだけではない 1

さて，（対数）尤度関数を最も大きくするパラメータ値は，「与えられたデータを生成する確率が最も高いから最も尤もらしい」というのが 2.3 節で述べた最尤法の根拠だった．さらに，ポアソン分布モデルの未知パラメータ（強度）の最尤推定量は，通常我々が計算する本数を面積で割った密度と同じ式で，理にかなった尤もらしい推定法と言える．

しかし，図 2.5 の尤度関数の値を見ていると，これに納得できなくなってくる．

確かに r が本数/面積のときに尤度関数は最大になる．しかし最大といってもその確率は 10^{-12} である．こんな小さな確率でしかデータを生成できないパラメータ値が，そんなに尤もらしいだろうか．

推定値が真の値とどのくらい近いかを調べれば推定法の妥当性を吟味できるが，現実のデータにおいて，真の値はわからない．そこで一旦実データから離れ，人間が作った統計モデルとパソコンの世界に閉じこもってみる．自分で作った統計モデルなら真の値を知っ

(a)

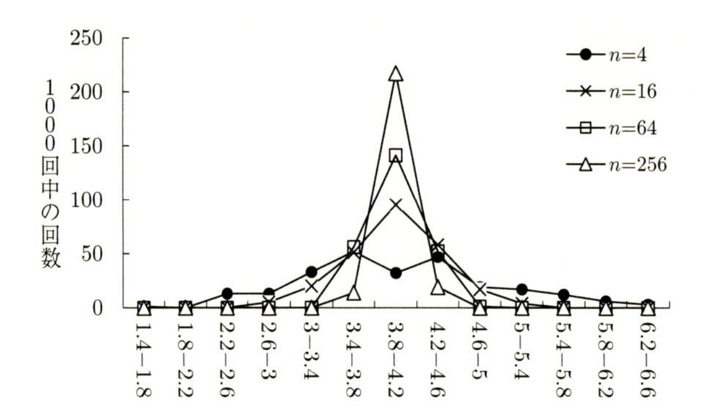

(b)

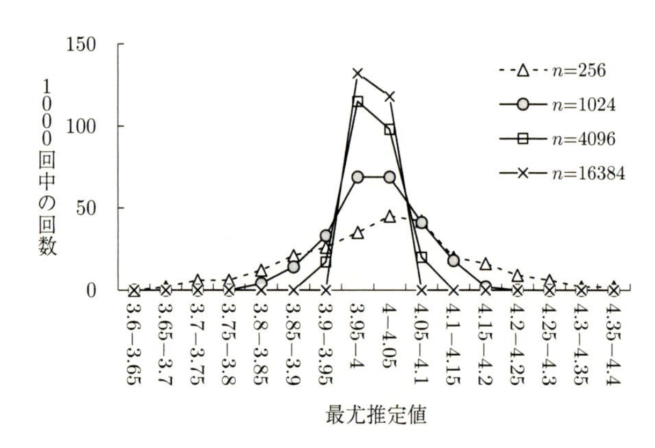

図 2.5 強度 $\lambda = 4$ のポアソン分布に従う $n = 4, 16, 64, \ldots, 16384 (= 4^7)$ 個のポアソン乱数についてポアソン分布モデルを適用し，強度の最尤推定値を求め，それらがサンプル数が増えるとともに真の値 $(= 4)$ のまわりに集中していく様子．(a) では水平軸の目盛は 0.4 ごと，(b) では 0.05 ごとになっていて，$n = 256$ のときは両方に表示している．

ている．シミュレーションで人工データ（確率分布からのランダムなサンプル）を作ることもできる．それで，最尤法に限らず，統計モデルについてその中の未知パラメータを推定する手法を開発したとき，その有効性を確かめるのに，以下のような手順がしばしば使われる．

まず作った統計モデルの未知パラメータを 1 つ決め，真値とする．そのモデルに従ってランダムなサンプルを n 個作る．この人工データから，（本当は知っているけど知らないものとして）その統計手法[39] でパラメータの値を推定する．それはズバリ真値であってほしいが，データによって推定値は真値より大きかったり小さかったりする．この操作を 100 回 1000 回とくりかえし，どのくらいズレるか調べる．

[39] 今の場合は最尤法．

ポアソン分布モデルの場合は，強度を決め，その強度のポアソン乱数を n 個作り，最尤推定量（それらの標本平均 (2.10)）を求める．これをくり返す．サンプル数 n が多ければ推定はより正確になると予想されるので，様々な n で実験してみる．

図 2.5 では，強度 4 のポアソン分布モデルに従うランダムなサンプルを $n = 4, 4^2, 4^3, \ldots$ 個作り，そうしたデータから最尤推定値（標本平均）を求め，これらの推定値の分布を表してみた．確かに n を増やすにつれて真値の周りに集中してくる．

これは推定量の一致性という数学の概念として，以下のように定式化されている．

サンプル数 n のデータ $\mathbf{x}_{1:n} = (x_1, x_2, \ldots, x_n)$ から真値 θ_0 を推定する式を $\theta(\mathbf{x}_{1:n})$ とする．

推定量の**強一致性** (strong consistency)，

$$P(\lim_{n\to\infty} \theta(\mathbf{x}_{1:n}) = \theta_0) = 1$$

推定量は真値に収束してほしいが，高校数学でやる収束，

$$\lim_{n\to\infty} \theta(\mathbf{x}_{1:n}) = \theta_0$$

は，統計の世界では数学として成り立たない場合が多い．しかし，「サンプル数を増やせば確率 1 で収束する」[40] なら成り立つわけである．

[40] 概収束という．

そして，最尤推定量については，上記のような一致性が数学として証明されているのである[41]．

[41] 文献 [1] の §14 や文献 [10] の第 4 章を参照．文献 [10] には，確率収束という収束を用いる一致性の証明がある．なお，厳密にはモデルに正則性と呼ばれる条件などを付ける必要がある．

2.11 最尤推定値は最も尤もらしいだけではない 2

さらに，図 2.5 のヒストグラムの形状を見ていると，左右対称釣鐘型，いわゆる正規分布を連想するだろう．

正規分布 (normal distribution) は,

$$f(x;\mu,\sigma) = \frac{e^{-\frac{(x-\mu)^2}{2\sigma^2}}}{\sqrt{2\pi\sigma}} \tag{2.19}$$

で定義される確率分布だが, 同じ確率分布でも, ポアソン分布の定義（式 (1.6)）とずいぶん違った書き方になる. 最大の違いは, 確率変数がすべての実数 X という連続的な無限集合になっている点で, このような確率分布を連続型確率分布 (continuous probability distribution) という. 確率変数は連続的に無限個あるので, 1 個 1 個について確率を与えることができない[42]. そこで, ある値の確率の代わりにある値と値の間の確率を積分の形で与える. つまり, 式 (2.11) のような表記をすると,

$$P(x_1 \le X \le x_2) = \int_{x_1}^{x_2} f(y;\mu,\sigma)dy \tag{2.20}$$

となる. 正規分布における関数 $f(x;\mu,\sigma)$ は, 1 個 1 個の確率変数に対して 0 以上の値を持っているがそれ自体は確率ではない[43]. ただし, 確率変数全体[44] で積分すると 1 になる. このような関数を確率密度関数 (probability density function) という.

正規分布の平均は μ, 分散は σ^2[45] となることが知られている. 確率密度関数は, $\mu \pm \sigma$ で変曲点をもち, $\mu \pm 1.96\sigma$ を超す数値は 5%以下の確率ででしか得られないことも知られている. この σ（分散の平方根）は標準偏差 (standard deviation) と呼ばれるが, 正規分布の形状の大まかな目安としては, 分散より標準偏差のほうが直観的にとらえやすい.

図 2.5 のように, サンプル数が多くなると最尤推定値は真値の周りに正規分布状に散らばることは, 最尤推定値の漸近正規性として, 数学として以下のように定式化される.

最尤推定値の漸近正規性

最尤推定量を $\hat{\theta}(\mathbf{x}_{1:n})$ とする. $\hat{\theta}(\mathbf{x}_{1:n})$ は n を大きくすると, 平均 θ_0, 分散 $\frac{1}{nI_1(\theta_0)}$ の正規分布に従う変動を示す[46]. これを, 最尤推定量は**漸近正規推定量** (asymptotically normal estimator) であるという.

ここで, $I_1(\theta)$ は, データが 1 個しかないとき（$\mathbf{x}_{1:n} = \{x_1\}$）の

42) 連続的な無限個の中の 1 点である確率は一般に 0 となってしまう.

43) 1 を超す値をとる場合もある.

44) 正規分布の場合は $-\infty$ から $+\infty$ まで.

45) μ はギリシア文字のミュー, σ はシグマ.

46) 厳密には, $\hat{\theta}(\mathbf{x}_{1:n})$ はある確率分布に従って分布し, その確率密度関数が正規分布の確率密度関数に収束する, という分布収束 (convergence in distribution) の概念を用いて定義される. 数学として正確な記述は文献 [1] の §14, [5] の第 6 章, [10] の第 4 章などにある.

対数尤度関数を $l_1(\theta)$ としたとき，関数 $\frac{\partial^2 l_1(\theta)}{\partial\theta^2}$ の期待値の符号を変えた，

$$I_1(\theta) = -E(\frac{\partial^2 l_1(\theta)}{\partial\theta^2})$$

で定義される．

強度 λ のポアソン分布モデルの場合，式 (2.9) より $l(\lambda) = -\lambda + x_1 \ln(\lambda) - \ln x_1!$ だから，

$$\frac{dl(\lambda)}{d\lambda} = -1 + \frac{x_1}{\lambda}$$
$$\frac{d^2 l(\lambda)}{d\lambda^2} = -\frac{x_1}{\lambda^2}$$

となる．したがって，$E(x_1) = \lambda$ を用いると，

$$I_1(\lambda) = -E(-\frac{x_1}{\lambda^2}) = \frac{E(x_1)}{\lambda^2} = \frac{\lambda}{\lambda^2} = \frac{1}{\lambda}$$

が得られる．

図 2.5 のシミュレーションでは $\lambda = 4$ としているから $1/nI_1(r) = 4/n$ となる．この値を 1000 回のシミュレーションで得た最尤推定値の不偏分散と比べてみると（表 2.5），確かに両者は近い．さらに，漸近正規性から得られる正規分布の確率密度関数のグラフを図 2.5 を縦棒のヒストグラムにしたものと重ねてみると[47]，確かにサンプル数が増えるにつれてヒストグラムはより正規分布に近い形状になっていっている（図 2.6）．

したがって，最尤推定値は，サンプル数を増やせば正規分布のように左右対称に真値のまわりをばらつき，その分散が小さくなることが保証される．これは推定法としてありがたい性質である．

47) 確率密度関数の各クラスの中央値にサンプル数 n とクラス幅（今の場合は 0.1）をかけると，ヒストグラムときれいに重なるグラフになる．

表 2.5 図 2.5 のシミュレーションで得たポアソン乱数の不偏分散と，最尤推定値の漸近正規性の定理から得られる分散の比較．

n	不偏分散	漸近正規性の分散
4	0.92321	1.00000
16	0.20188	0.25000
64	0.06304	0.06250
256	0.01714	0.01563
1024	0.00434	0.00391
4096	0.00114	0.00098
16384	0.00025	0.00024

(a) $n = 4$

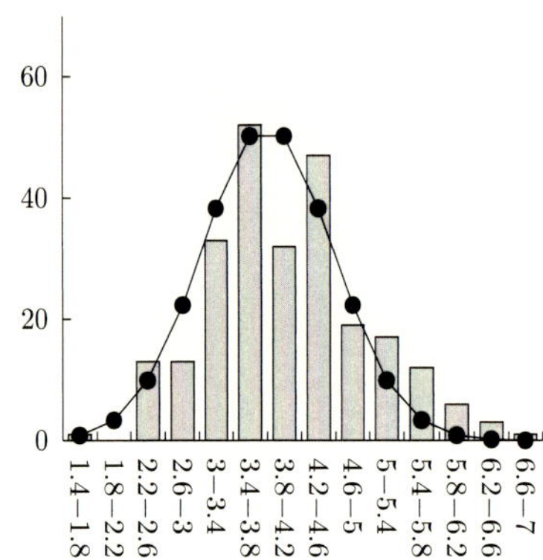

(b) $n = 64$

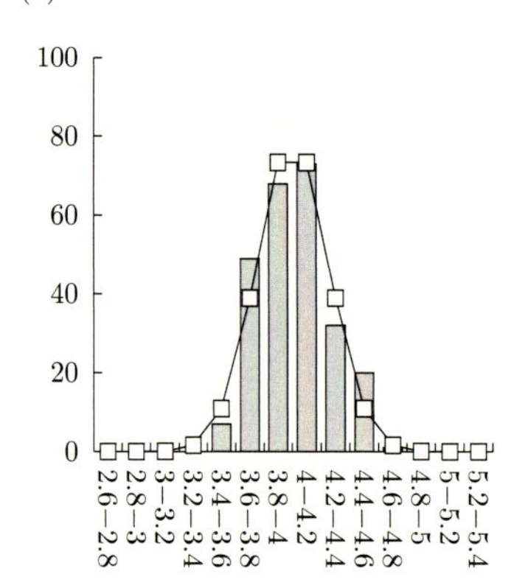

(c) $n = 1024$

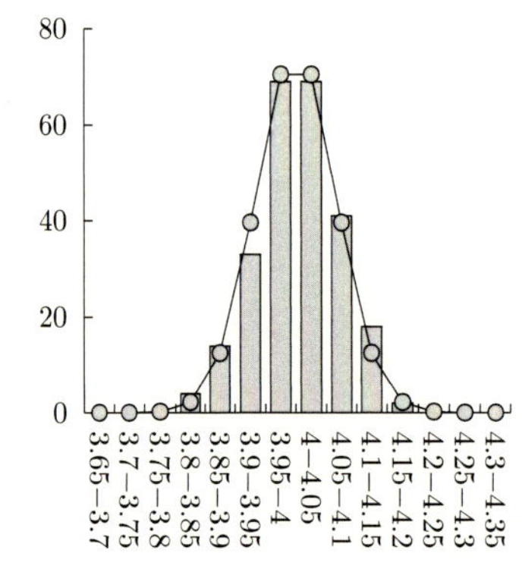

(d) $n = 16384$

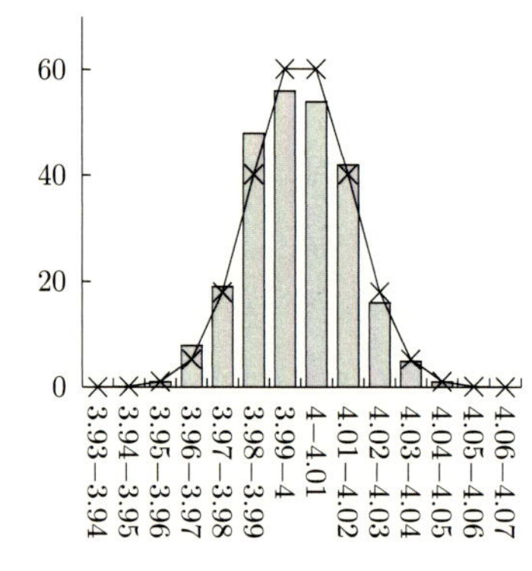

図 2.6 ポアソン分布モデルの最尤推定値の漸近正規性．図 2.5 の折れ線を縦棒にし（b と d では横軸の目盛を変えた），定理から予想される正規分布の確率密度関数を重ねた．

ただ，正規分布の形状をより直観的に表現してくれるのは，分散の平方根である標準偏差だった．標準偏差は $1/\sqrt{nI_1(\theta_0)}$ なので，サンプルを 2 倍にしても $\sqrt{2} \fallingdotseq 1.41$ 分の 1 にしかならない．標準偏差を半分にするには，サンプル数を 4 倍にしないといけない．つまり，漸近正規性が保証してくれる最尤推定値の真値への収束のペースは $1/\sqrt{n}$ でしかなく，みるみる収束するわけではない．

最尤推定量には，さらに有効性 (efficiency) [48] や不変性 (invariance property) [49] という性質もある．これらの詳細は本書では説

[48] 文献 [1], [5], [10] などを参照．

[49] 文献 [5] や [11] を参照．

明しないが，こうした推定法としてよい性質があるから，今日まで盛んに使われており，かつ，様々な推定法の基本となっているのである．単に「そのデータを生成する確率が最大だから直感的に最も尤もらしい」というわけではない．

第 4 章では，赤池情報量規準 (AIC) の背後にある数理を解説する中で，最尤推定値の別な側面にも触れる．それにより，最尤推定値が，様々な側面から最も尤もらしいことに，より納得がいくはずである．

2.12 モデルでデータを説明できるか 3

最後にもうひとつ，データがポアソン分布モデルで説明できるかどうか調べるときによく使われている手法を紹介して本章を終えることにする．

表 2.2 のような n 個の調査区のデータに対し，k 本観察された調査区の数を O_k とする．ポアソン分布モデル（強度は最尤推定値 × 調査面積 $= \hat{r}A$）から期待される，k 本という観察値が得られる調査区の個数を E_k とし[50]，

$$\sum_k \frac{(O_k - E_k)^2}{E_k} \tag{2.21}$$

を計算する．全体的に観察値 O_k たちが期待値 E_k たちにそれぞれ近いとこの値は小さい．観察値がポアソン分布モデルに従って生成されているなら，この値は自由度 $n-1$ のカイ 2 乗分布[51] と呼ばれる確率分布で近似できることが知られている[52]．そこで，データから求めた式 (2.21) の値より大きい値が出る確率を調べ，それが 5%より小さいようなら，そんな期待値から遠いデータはこのモデルからでは生成できないと判断する．これをカイ 2 乗適合度検定 (chi-square goodness-of-fit) という．

2.5 節で紹介した検証法は，著しくモデル予測と離れたデータがないかどうかを見ているので，1 個 1 個は著しく離れているわけではないがすべてが「まあまあ」離れているようなとき，全体としてかなり離れているのに 95%以内に収まってしまう場合がある．それに対し，カイ 2 乗適合度検定は全体としての離れ具合を一つの数値

50) $E_k = n \times P(X = k) = n \times \frac{e^{-\hat{r}A}(\hat{r}A)^k}{k!}$

51) 今日のパソコンソフトにはカイ 2 乗分布もコマンドを打つだけで計算してくれる．

52) 文献 [1] [5] [10] などを参照．

で評価しており,「まあまあ」離れているデータが多ければ式 (2.21) という総計は大きくなる．一方，2.5 節の方法の便利なところは，モデルが作る（人工）データがどんなものか直接目で見ることができ，具体的にどの部分で離れているかが見える点であろう．

期待値 E_k が小さいと，カイ 2 乗分布による近似が悪いためこの方法は有効でなくなる[53]．そんなときの処置として，少ない期待値をくっつけて，例えば 6 個以上はすべて 6 個以上にまとめてしまい $O_{\geq 6}$ や $E_{\geq 6}$ として式 (2.21) を用いる．

53) 一般にはいずれかの E_k が 3 より小さいと使わないほうが良いとされる．

なお，カイ 2 乗分布を用いる方法も，式 (2.21) で大きな値が出ればモデルで説明できないと言えるが，小さかったからといって必ずしもモデルが正しいとかデータを説明できる，とは言えない．

また，期待値 E_k が計算できないと式 (2.21) は使えないが，実際のところ期待値を数学として導出できるモデルは多くない．そんな場合は，シミュレーションで人工データを大量に作ってその平均を出せば期待値の近似になる．

ただ，表 2.2 のデータについてはサンプル数も 18 調査区と少なく，期待値 E_k に 3 回以下の場合が多く出てくるので，カイ 2 乗検定はあまりうまく働かない．

3 ポアソン回帰モデルと赤池情報量規準(AIC)

前の章に出てきたデータはカウント数だけだった．この章では，カウント数というデータに加え，それに影響を与えそうな要因のデータも得ているとき，その関係性を調べる問題を扱う．

3.1 時間当たりのイベント数データ

表 3.1a は，細胞内を移動したオルガネラという構造物の個数のデータ[1] である．観察は顕微鏡で 2 分間[2] 行い，その間に毎秒 0.5 マイクロメーター以上の速さで継続して 2 秒以上にわたって移動したものを数えている．観察は 1 回でなく，くりかえし行われた．

これは，一定時間にオルガネラの移動というイベントが何回起こったかをカウントしたデータなので，このイベントが時間的にランダムに起こっているなら，カウント数はポアソン分布に従う．だから，第 2 章と同じようにして，単位時間当たりのイベント数（頻度）を推定でき，表 3.1a のデータが本当にポアソン分布に従っているか（イベントはランダムに起こったか）を検証できる．

ところで，この観察を行った（そのために実験計画を立て実験を遂行した）目的は，オルガネラ移動数の頻度の推定ではない．実験では，正常な細胞[3] だけでなく，ある遺伝子の発現に変異を有する細胞も用意し，両者でオルガネラという構造物の移動数を比較している．つまり，ある遺伝子の発現が細胞内の構造形成に与える影響の有無が目的である．そのため，表 3.1a では，正常な細胞のデータと特定の遺伝子の発現が変異している細胞の場合（表 3.1 では gpr-1/2, dyrb-1, dbc-1 で示されている）に分けて，移動したオルガネラの数が記録されている．また，オルガネラという構造物も複数種ある（表

1) 論文 [15] で公表されている．

2) ひとつだけ観測時間が 1 分のデータがある．後述するように，ポアソン回帰モデルでは，観測時間や観測面積のふぞろいは問題にならない．

3) コントロール (control) と呼ばれる．「対照」という日本語も使われる．

表 3.1 カウントデータの例 1．細胞の中を移動したオルガネラの数を，4 つの遺伝子変異体および 4 つの細胞について観察した結果 (a)．論文 [15] を改変．斜字で示してある LS の gpr-1/2 のみ観測時間は 1 分，他は 2 分．(b) では，(a) のデータを，標本平均と不偏分散，その平方根をとった標準偏差に集約した．

(a)

	くりかえし	コントロール	gpr-1/2	dyrb-1	dhc-1
Endosome (EE)	1	13	17	2	1
	2	29	35	1	3
	3	30	30	2	1
	4	22	34	2	1
	5	19	21	3	0
	6	14	15	2	0
	7	31	20		4
	8	22	19		
Lysosome (LS)	1	29	*15*	9	1
	2	18	*10*	6	8
	3	13	*13*	6	2
	4	20	*6*	9	2
	5	18	*14*	6	3
	6	23	*7*	2	1
	7		*13*	8	1
	8			6	
Yolk granule (YG)	1	25	26	3	0
	2	21	16	6	0
	3	13	14	13	0
	4	16	20	5	6
	5	15	17	10	6
	6	12	17	4	0
	7		13	6	4

(b)

オルガネラ		コントロール	遺伝子発現変異		
			gpr-1/2	dyrb-1	dhc-1
Endosome (EE)	平均	22.50	23.88	2.00	1.43
	分散	49.43	62.41	0.40	2.29
	標準偏差	7.03	7.90	0.63	1.51
Lysosome (LS)	平均	20.17	*11.14*	6.50	2.57
	分散	29.37	*12.48*	5.14	6.29
	標準偏差	5.42	*3.53*	2.27	2.51
Yolk granule (YG)	平均	17.00	17.57	6.71	2.29
	分散	25.20	18.95	12.57	8.57
	標準偏差	5.02	4.35	3.55	2.93

3.1 では Endosome(EE), Lysosome(LS), Yolk granule(YG) で示されている）ため，どの遺伝子変異がどのオルガネラに影響を与えるかも検証できるよう，実験は計画された．

表 3.1b は，データを標本平均と不偏分散と標準偏差に集約したものである．

表 3.1 を見ればすぐ気づくように，遺伝子変異がオルガネラ移動数に影響しているのは明らかである．しかし，遺伝子とオルガネラの種類によって，差が微妙なものがある．どの遺伝子変異はどのオルガネラにどの程度の影響を与えるのか，定量的に検証したい．さらに，LS の gpr-1/2 だけ計測時間は 1 分となっている．だから，表

3.1 の平均値をそのまま比べるわけにはいかない[4]．また，くりかえしの数も 6〜8 回の間でばらけている．くりかえしが多ければより正確な推定ができるはずである．

[4] 計測時間が半分だから単に 2 倍すればよいように思うが，用いる統計手法によっては好ましくない．3.5 節参照．

こうしたとき，通常の統計学の教科書には，分散分析（analysis of variance, 略して ANOVA）が紹介されている．例えば，オルガネラを EE と略記されるものに固定し，4 つの遺伝子変異の違いを吟味するなら，4 つの遺伝子変異を $i = 1, 2, 3, 4$ として[5]，変異 i の観測データ y を，

[5] $i = 1$ はコントロール．

$$y = u_i + e \qquad e \sim N(0, \sigma^2) \tag{3.1}$$

とモデル化する．ここで定数 u_i は遺伝子変異 i のときの移動オルガネラ数の期待値で，$e \sim N(0, \sigma^2)$ は分散 σ^2 の正規分布（式 (2.19)）からのランダムなサンプルであることを表し，u_i からの散らばりをもたらす．

もし，遺伝子変異によって移動するオルガネラ数に違いがないなら，モデルはより単純に，変異 i に関係ない一定の期待値を持つ，

$$y = u + e \qquad e \sim N(0, \sigma_0^2) \tag{3.2}$$

で十分である．

遺伝子変異ごとに期待値が異なるか否かは，分散分析で検証できる[6]．違いがないとするモデル (3.2) のほうが，全体として観察値と期待値 u の差は大きくなるので，変異ごとに期待値を変えたモデル (3.1) の正規分布の分散 σ^2 より σ_0^2 は大きなものになる．ただ，もし遺伝子変異による違いが小さく期待値を変える意義が小さいなら，2 つのモデルの間であまり正規分布の分散に差はないだろう．両者の分散の比の大きさがある閾値を超していたら（F 統計量と呼ばれる）それは偶然では起こりにくいので，違いがあったと結論する．

[6] 本章後半で述べる赤池情報量規準 (AIC) によっても検証できる．

表 3.1 のデータもそれで解決するように思える．しかし，(3.1) や (3.2) のような式を書くと，はなはだ腑に落ちない点が見えてくる．左辺はカウントデータだから整数である．一方，右辺の u や u_i，特に正規乱数 e からは小数が出てくる．それでいいのだろうか．

3.2 花の数というカウントデータ

図 3.1 はスズランという草本の，葉の長さと 7 月に付いていた果実の数というデータの一部とそれらの散布図である．スズランは北海道を代表する花のひとつとしてよく知られている．6 月には足の踏み場もないほど北海道の大地一面に白い可憐な花を咲かせる．7 月になって花びらが散り果実が実り始めたころに，1 本 1 本，葉の長さをものさしで測り，果実の数を手で数えた．

長さが長いほど果実も多いと思われる．こうしたとき，通常の統計学の教科書によれば，**線形回帰モデル** (linear regression model) を用いる．すなわち，葉の長さを x，果実の数を y とし，

$$y = ax + b + e \qquad e \sim N(0, \sigma^2) \tag{3.3}$$

と予測式を立てる．e は分散が σ^2 の正規分布に従うランダムなサンプル[7] で，予測値は必ずしも $ax + b$ ぴったりでないことを許容する．なお，y は x を決めたあとで決まる．これを統計学では x があ

[7] 正規乱数という．

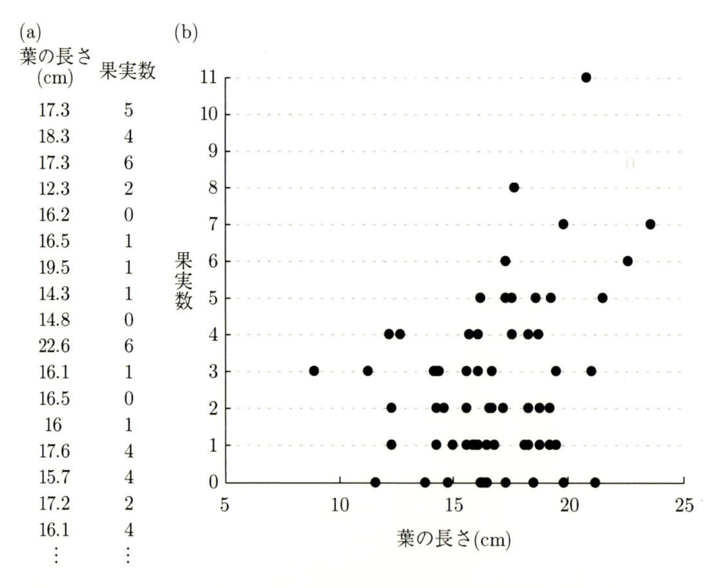
(a)

葉の長さ (cm)	果実数
17.3	5
18.3	4
17.3	6
12.3	2
16.2	0
16.5	1
19.5	1
14.3	1
14.8	0
22.6	6
16.1	1
16.5	0
16	1
17.6	4
15.7	4
17.2	2
16.1	4
⋮	⋮

図 3.1 カウントデータの例 2．北海道十勝地方の調査区における，スズランの葉の長さと果実数の (a) データの一部，(b) 散布図．

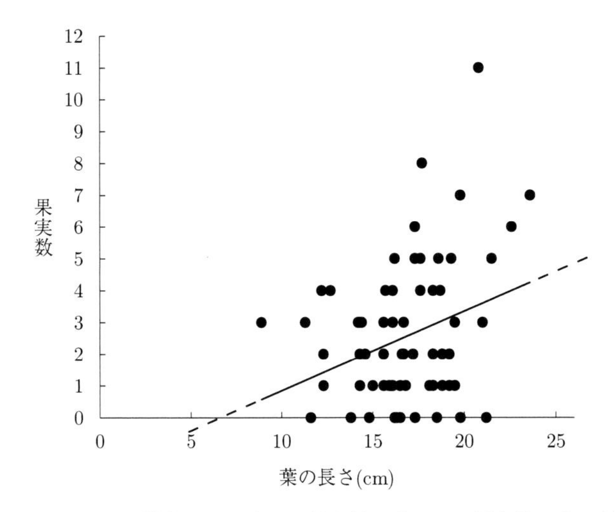

図 3.2 図 3.1 の散布図に通常の回帰分析で引いた回帰直線．葉の長さのない所は延長して破線で表した．

る値という条件の下で y が決まる旨を明記する，

$$y|x = ax + b + e \qquad e \sim N(0, \sigma^2) \tag{3.4}$$

という書き方をする場合が多い[8]．

[8] $y|x$ の間の縦線は，条件付き確率の意味で用いられる．

$y = ax + b$ という直線を散布図の真ん中にソフトを使って引いてみる（図 3.2）．一見，長さの長いほど果実数も多い関係を示しているように見える．ところが，ここでも，3.1 節の最後で述べたような疑問が派生する．このデータは $0, 1, 2, \ldots$ という 0 以上のとびとびの整数値しかとらない．散布図の真ん中に引いた線は何を示しているのだろう．x を決めるとほとんどの場合，y は小数を含む．そんな中途半端な数の果実をスズランは実らせられない．$ax + b$ がたまたま整数値になったとしても，正規乱数 e が加わってくる．それとも式 (3.4) の右辺が整数になるよう e を取るのだろうか．さらに，葉の長さが 5 cm や 6 cm のスズランの果実数は負の数になるとモデルは予測する．そんなことはありえない．

オルガネラの移動数やスズランの果実数のデータに対するこのような問題は，回帰モデルを，正規分布でなくポアソン分布で行うポアソン回帰モデルという手法で対処できる．

3.3 ポアソン回帰モデル

先にスズランの果実数の問題を取り上げる.

式 (3.4) の意味は, 長さ x が与えられたら, $ax+b$ を計算し, そこに平均 0, 分散 σ^2 の正規分布からの乱数を加えることで y が得られるという統計モデルである. これは, 平均 $ax+b$, 分散 σ^2 の正規分布からランダムなサンプルをとるのと同じである. 2.6 節で述べたように, 統計モデルではデータはある確率分布に従う確率変数の実現とみなす. 回帰モデルをこの流儀に従って書くと,

$$y|x \sim N(ax+b, \sigma^2) \tag{3.5}$$

となる. このモデルの下では確率変数は正規分布に従うので任意の実数をとりうるが, これを単純にポアソン分布に変えたらどうなるだろう[9].

$$y|x \sim Poisson(ax+b) \tag{3.6}$$

これだけの修正で, 確率変数 (したがってデータ) は 0 以上の整数しかとらないようにできた.

ただ, ここで新たな問題が生ずる. ポアソン分布の強度は正の数でないといけないが, $ax+b$ では負の数にもなり得る. そこで, 負にならないようにするために, 例えば $ax+b$ を e^{ax+b} に代えて,

$$y|x \sim Poisson(e^{ax+b}) \tag{3.7}$$

としてしまう. これで, 任意の x に対しデータ y は 0 以上の整数しかとれないように修正でき, 前節の最後に抱いた疑問も解消された. これが**ポアソン回帰モデル** (Poisson regression model) である.

何とも安易な印象を受けるかもしれないが, 長さとともに果実数がどう増えるかを記述し予測することが目的なら, データに合うモデルを作ればいいわけである. 当面, こんな単純な発想がどの程度役に立つかを眺め, その意義はその効用を見てから考えることにする. なお, ここで用いた e^x のような関数は, リンク関数 (link function)[10] と呼ばれる.

図 3.1 のデータを $(x_i, y_i)(i=1,2,\ldots,n)$ で表すことにする. 各 y_i が強度 ax_i+b のポアソン分布に従うので, 長さが x_i で果実数が

[9] ポアソン分布は正規分布と違ってパラメータは強度の 1 個しかない点に注意.

[10] 通常, $\ln y$ が $ax+b$ とつながるので, 対数関数のほうをリンク関数という.

y_i というデータが得られる確率は，ポアソン分布の式 (1.6) に代入して，

$$\frac{e^{-(e^{ax_i+b})}(e^{ax_i+b})^{y_i}}{y_i!} \tag{3.8}$$

となる．データが独立なら，(x_i, y_i) というデータセットが得られる確率はこれらの積，

$$\prod_{i=1}^{n} \frac{e^{-(e^{ax_i+b})}(e^{ax_i+b})^{y_i}}{y_i!} \tag{3.9}$$

となる．これを，未知パラメータ (a,b) の関数とみなしたものがポアソン回帰モデルの尤度関数である．対数尤度関数は，

$$\begin{aligned} l(a,b) &= \sum_{i=1}^{n}(-(e^{ax_i+b}) + y_i \ln(e^{ax_i+b}) - \ln(y_i!)) \\ &= \sum_{i=1}^{n}(-(e^{ax_i+b}) + y_i(ax_i+b) - \ln(y_i!)) \end{aligned} \tag{3.10}$$

となる．

図 3.1 のデータにポアソン回帰モデルを適用し式 (3.10) が最大となるパラメータ値 (a,b) をパソコンで数値計算してみると[11]，$(\hat{a},\hat{b}) = (0.101, -0.798)$ となった[12]．そのときの $y = e^{ax+b}$ のグラフ[13] を散布図に入れてみると，図 3.3 の実線のようになった．

図 3.3 を眺めていると，滑らかな曲線がとびとびのデータの真ん中を貫いている．曲線上の値は小数を持つ数値をとるが，この曲線自体が果実の数を予測するわけではない．モデルが予測するのは果実数のとりうる個数とその確率の組[14] であって，ズバリ果実数ではない．曲線の値が示すのは，予測値ではなく，ポアソン分布という確率分布の強度[15] であり，これは任意の正の実数をとれる．果実数の予測値は，長さ x を与えたら強度 $\hat{a}x+\hat{b}$ のポアソン分布からのランダムサンプリングで作ることになる．

こうして，カウントデータに対する回帰モデルに対する素朴な要求「データは 0 以上の整数である」は，ポアソン回帰モデルによって解消された[16]．

11) $\ln(y_i!)$ は a や b に依存しないので最大化計算では削除してよい．

12) 最尤推定値なので慣習に従って ^ を付けた．

13) いわゆる回帰直線に対応する．曲っているので回帰曲線ともいう．

14) 即ち確率分布．

15) それが同時に期待値にもなっている (2.7 節) ので，ポアソン回帰における強度のグラフは解釈しやすい．

16) 図に入れる線は直線ではなく曲線になる．

行\列	A	B	C	D	E	F	G	H
1		a	0.101	0	パラメータ数		2	1
2		b	−0.798	0.937		AIC	282.5	293.2
3					3.3E−61	5.8E−64	−139.3	−145.6
4			強度		尤度		対数尤度	
5	葉の長さ (cm)	果実数	ポアソン回帰	定数	ポアソン回帰	定数	ポアソン回帰	定数
6	23.6	7	4.91	2.55	0.101	0.011	−2.30	−4.52
7	22.6	6	4.44	2.55	0.125	0.030	−2.08	−3.51
8	21.5	5	3.97	2.55	0.155	0.070	−1.86	−2.65
9	21.2							
10	21							
11	20.8							
12	19.8							
13	19.8							
14	19.5							
15	19.5							
16	19.3							
17	19.2							
18	19.2							
19	18.8							
20	18.8							
21	18.7							
22	18.6							
23	18.5							
24	18.3	1	2.87	2.55	0.162	0.199	−1.82	−1.62
⋮	⋮	⋮	⋮	⋮	⋮	⋮	⋮	⋮

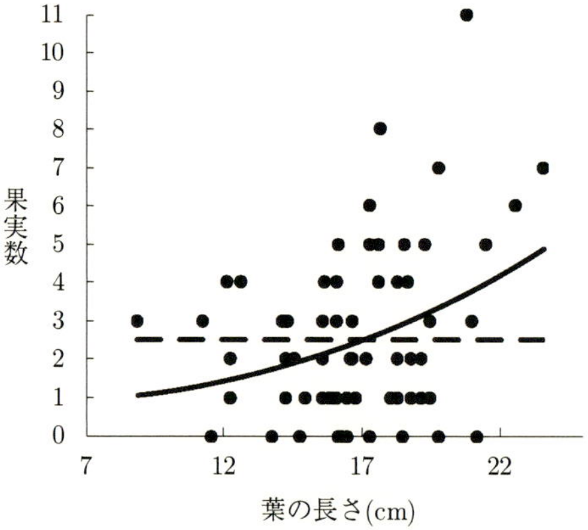

果実数

葉の長さ(cm)

図 3.3 ポアソン回帰モデルを実行するエクセルシートの例．回帰曲線（実線）と，回帰式が定数（ポアソン分布モデル）の場合の回帰直線（破線）も引いてある．
列 A～B: 実データ（72 行目まで続く），セル C6:=EXP(C$1*$A6+C$2)．コピーして D6 へ貼り付け．E6:=POISSON($B6,C6,FALSE)．コピーして F6 へ貼り付け．G6:=LN(E6)．コピーして H6 へ貼り付け．E3:=PRODUCT(E6:E72)．コピーして F3 へ貼り付け．G3:=SUM(G6:G72)．G2:= −2*(G3−G1)．G2～G3 をコピーして H2～H3 へ貼り付け．C1～C2: ソルバーでセル G3 を最大にする値を求める．セル D1:0 を入力．セル D2: ソルバーでセル H3 を最大にする値を求める（単なるポアソン分布モデルなので，=LN(AVERAGE(B6:B72)) でもよい）．

3.4 モデルの相対評価 ——赤池情報量規準 AIC——

図 3.3 の中で回帰曲線は右上がりになっており，長さが長いほど果実もたくさん実る傾向を示している[17]．ただ，その上昇具合は決し

[17] 上昇しているのはあくまでポアソン分布の強度でしかないが，強度が大きいほど期待値も高くなるので，平均して多くなると言ってよい．

て大きなものではない．本当に上昇しているといっていいのだろうか．現実はもっと単純で，長さに関わらず果実の数は似たようなものでしかなく，わざわざ上昇する曲線を計算するまでもなく，データは単にある値の上下にランダムに散らばっているだけかもしれない．

こうした疑問に対し，統計モデルでは，上昇しているモデルと，一定のままというモデルを作り，両者を相対的に評価することで検証する．

長さに関係なく果実数は一定というモデルは，

$$y \sim Poisson(\lambda) \tag{3.11}$$

と書ける．これは，第 2 章のポアソン分布モデルにほかならない．したがって，強度の最尤推定値は，式 (2.10) よりデータの標本平均となる．そのときの対数尤度（最大対数尤度）を計算すると，-145.6 となり，回帰曲線の場合の -139.3 より小さい．

「対数尤度が大きいほどそのモデルの下でそのデータが得られる確率（尤度）が大きいから良いモデル」というのが最尤法の発想だった．この路線でいくかぎり，果実は長さによらず一定と考えるより，長さが長いほどたくさん実ると考えるほうが賢明といえる．

しかし，何か釈然としない．その主たる理由は，式 (3.6) のモデルで $a = 0$ とすれば式 (3.11) のモデルを含んでいるからである．つまり，モデル (3.11) の対数尤度を最大にする λ を求めた後で，その λ から $b = \ln(\lambda)$ として b を決めて $a = 0$ としたモデルを作れば，その時点で既にモデル (3.6) は (3.11) と同じだけの対数尤度を出している．さらに数値を動かせば，それより高い値をみつけられて当然である[18]．

18) 最初から引き分け以上が決まっている．こんな勝負は卑怯である．

こうしたとき，計算が楽で，かつ，その直観的意味も統計学的意味も比較的わかりやすいのが，**赤池情報量規準**（Akaike information criterion, 略して AIC）である．

$$AIC = -2 \times (\text{最大対数尤度} - \text{パラメータ数}) \tag{3.12}$$

確かに対数尤度が高ければデータを生成する確率の高い「良いモデル」かもしれない．でも，それなら極端なはなし，図 3.1 の 67 個のデータに対し，パラメータを 67 個用意し，それぞれの葉の長さごとに個別にデータの果実数を与えるというモデルを考えれば，ピッタリ的中している．しかし，こんなモデルは，誰が見ても無意味である．例えば，新たに長さのわかっているスズランがみつかっても，mm 単位まで一致しているデータがこの 67 個の中にない限り，果実数を予測できない．もちろん，長さとともに果実が多くなるかどうかの検証もできない．言い換えると，モデルに予測力も生物学的主張もない．

一方，モデル (3.11) には，「長さに関係なく果実数は一定」，モデル (3.6) には「長さが大きいと果実もたくさん実る」という生物学的主張があり，数式による予測を伴う．そのどちらの主張や予測がより「良い」かを判定したいわけである．

AIC では，最大対数尤度からパラメータ数を引く[19]．パラメータが多いほどモデルとしては複雑なわけで，パラメータ数とは，モデルの複雑さの尺度の一つである[20]．それを「罰則」として引くことで，ほどよくデータを良く説明し，かつほどよく複雑なモデルを選ぼうというわけである．全体をマイナス 2 倍するため，尺度としては対数尤度と反対に，値の小さいほど「良い」モデルと評価する．

今のスズランの問題では，果実数が長さに依存するモデル (3.6) と依存せず一定としたモデル (3.11) の AIC 値は，前者が，

$$-2 \times (-139.3 - 2) = 282.5$$

で，後者が，

$$-2 \times (-145.6 - 1) = 293.2$$

となり，前者のほうが AIC 値は低い．したがって，前者のほうが良いモデルと評価される．これから，長さの大きいほうが果実数が多いという傾向が認められ，果実数の予測は葉の大きさを考慮するほうがより正確にできるということになる．

なお，パラメータ数をモデルの複雑さのひとつの尺度と解釈するかぎり，そのまま対数尤度から引かなくても，例えば 2 倍したり 10 倍してから引いてもかまわないように思える．この答えは第 4 章で与えるが，答えは「否」である．パラメータ数という整数を減じる作業には，罰則の一つという以上の，確たる数学的根拠がある．「パラメータ数 = モデルの複雑差の尺度」を罰則として引くという解釈は，統計モデルの入門時はかまわないが，ほどなく卒業して，第 4 章で述べる根拠を知ってほしい．

[19] 最後に −2 倍するのは，対数尤度の −2 倍が統計学の中でしばしば用いられてきていたため，それとの照合のために付けていた名残であって，特に意味はない．

[20] 上の “意味なしモデル” では実に 67 個のパラメータがあったわけである．

3.5 カテゴリカルデータに対するポアソン回帰モデル

表3.1のオルガネラ移動数データについても，同様にポアソン回帰モデルで遺伝子変異の影響の有無やオルガネラの種類に関する違いを検証できる．

ところで，表3.1のデータには図3.1のような連続した数値がない．これでは3.3節のような回帰モデルは作れないように思える．しかし，単純な工夫で，ポアソン回帰モデルを使えるようにできる．

表3.1のように，コントロールか遺伝子変異体か，オルガネラの種類がEEかLSか，という風に，データが種類などに分類されているとき，カテゴリカルデータ (categorical data) と呼ばれる．こういう数値でないデータを，半ば無理やり数値にしてしまうのだが，それは全く単純で，コントロールに属するなら1，そうでないなら0とするだけである．

それなら3つの遺伝子変異体はどうするのか．−1や2を当てるのか．そうではなく，変数を増やすことで対処する．つまり，第1の変数は，コントロールなら1，他は0とする．第2の変数では，gpr-1/2という遺伝子変異体なら1，そうでないなら0とする．3番目の変数はdyrb-1, 4番目の変数はdhc-1ならそれぞれ1とする．

さらに，5番目の変数はオルガネラがEEなら1，そうでないなら0，6番目はLS，7番目はYGならそれぞれ1とする．

データも，表3.1のように整理するのでなく，表3.2のように，1つのデータはそれぞれ1行にまとめ，変数はそれぞれ別の列に並べる．

ポアソン回帰モデルの式としては，式(3.7)の中の$ax+b$を，m個の変数$x_1, \ldots, x_m$ [21] の定数倍の和$a_1x_1 + a_2x_2 + \cdots + a_mx_m$に変えるだけというのが最も単純である．すなわち，

$$e^{a_1x_1+a_2x_2+\cdots+a_mx_m} \tag{3.13}$$

を単位時間当たりの頻度とするのである．

実際の計測時間をTとすると，観察される移動数は，頻度に時間をかけたものを強度とするポアソン分布に従うから，ポアソン回帰モデルの式は，

21) 表3.1のデータの場合，$m = 7$．7個も変数があるが，どれも0か1しかとらない．

表 3.2 表3.1のデータをポアソン回帰モデルを適用しやすいよう変換したもの(列 A–L)とポアソン回帰モデルを実行するエクセルシートの例．コントロールと gpr-1/2 が等しいと仮定するモデルの場合．セル M4:=EXP(SUMPRODUCT($F$2:$L$2,F4:L4))*D4. セル N4:= −M4+E4*LN(M4)−LN(FACT(E4))．セル N2:=7−COUNTIF(F2:L2,0)．セル N1:= −2*(SUM(N4:N87)−N2)．

行 \ 列	A	B	C	D	E	F	G	H	I	J	K	L	M	N
1									回帰係数				AIC	479.9
2						0	0	−1.37	−2.29	2.38	2.40	2.23	パラメータ数	5
3	遺伝子発現変異	オルガネラ	サンプル番号	計測時間(秒)	移動したオルガネラ数	Control	gpr-1/2	dyrb-1	dhc-1	EE	LS	YG	回帰式の値	対数尤度
4	Control	EE	1	2	13	1	0	0	0	1	0	0	21.5	−4.19
5	Control	EE	2	2	29	1	0	0	0	1	0	0	21.5	−3.77
6	Control	EE	3	2	30	1	0	0	0	1	0	0	21.5	−4.10
7	Control	EE	4	2	22	1	0	0	0	1	0	0	21.5	−2.47
8	Control	EE	5	2	19	1	0	0	0	1	0	0	21.5	−2.55
9	Control	EE	6	2	14	1	0	0	0	1	0	0	21.5	−3.75
10	Control	EE	7	2	31	1	0	0	0	1	0	0	21.5	−4.46
11	Control	EE	8	2	22	1	0	0	0	1	0	0	21.5	−2.47
12	Control	LS	1	2	29	1	0	0	0	0	1	0	22.0	−3.63
13	Control	LS	2	2	18	1	0	0	0	0	1	0	22.0	−2.75
⋮	⋮	⋮	⋮	⋮	⋮	⋮	⋮	⋮	⋮	⋮	⋮	⋮	⋮	⋮
24	dyrb-1	EE	4	2	2	0	0	1	0	1	0	0	5.5	−2.78
25	dyrb-1	EE	5	2	3	0	0	1	0	1	0	0	5.5	−2.18
26	dyrb-1	EE	6	2	2	0	0	1	0	1	0	0	5.5	−2.78
27	dyrb-1	LS	1	2	9	0	0	1	0	0	1	0	5.6	−2.90
28	dyrb-1	LS	2	2	6	0	0	1	0	0	1	0	5.6	−1.84
⋮	⋮	⋮	⋮	⋮	⋮	⋮	⋮	⋮	⋮	⋮	⋮	⋮	⋮	⋮

$$y \sim Poisson(e^{a_1x_1+a_2x_2+\cdots+a_mx_m}T) \tag{3.14}$$

となる.

このモデルの尤度関数は，これをポアソン分布の式 (1.6) に直し，すべてのデータ $(x_1^i, x_2^i, \ldots, x_m^i, y_i)$ についてかけた，

$$L(a_1,\ldots,a_m) = \prod_{i=1}^{n} \frac{e^{-e^{a_1x_1+a_2x_2+\cdots+a_mx_m}T}(e^{a_1x_1+a_2x_2+\cdots+a_mx_m}T)^{y_i}}{y_i!} \tag{3.15}$$

で，対数尤度関数は，

$$l(a_1,\ldots,a_m) = \sum_{i=1}^{n}(-e^{a_1x_1+a_2x_2+\cdots+a_mx_m}T + y_i(a_1x_1+a_2x_2+\cdots+a_mx_m+\ln T) - \ln(y_i!)) \tag{3.16}$$

となる．これを最大とするパラメータ値 $(a_1,\ldots,a_m)$ をパソコンで数値計算すればよい.

なお，表 3.2 からわかるように，カテゴリーが 7 個あるため，パラメータも a_1 から a_7 までの 7 個あるように見えるが，実際のところ $a_1 = 0$ としてかまわない．なぜなら，オルガネラの種類 EE, LS, YG に対し，コントロールのときの強度が $e^{a_5}, e^{a_6}, e^{a_7}$ としておき，遺伝子変異はここにそれぞれ a_2, a_3, a_4 を加える[22] とすればよいからである.

本来の研究目的である遺伝子変異体の違いの検証は，コントロールと各遺伝子変異体を同じにする（例えば gpr-1/2 がコントロールと同じという仮説を検証するなら $a_2 = 0$ とする）モデルを考え，最尤法を実行する．そして，すべてのパラメータを動かして最適化させたモデル[23] との相対評価を AIC で行う．表 3.2 は，このような条件下で最尤法を実行するエクセルシートの例である.

別な遺伝子変異体のパラメータ a_j を 0 にしたり，ある 2 つの場合で効果が同じかどうかなら両者の係数を等しいという条件を課した上で最尤法を実行し，AIC 値を比べることで，オルガネラ移動数と遺伝子変異の関連を検証できる．主な仮説を吟味した結果を表 3.3 にまとめた．gpr-1/2 がコントロールと同じで，オルガネラの種類によって移動数は異なるというモデルが一番よい AIC 値を示している[24].

22) exp の中で考えれば「加える」, a_j が負なら「引く」. 外で考えれば「e^{a_2} をかける」という表現になる.

23) フルモデル (full model) と呼ばれる.

24) どれとどれを同じにするか，すべての組み合わせを試して AIC が最良のモデルを選ぶのが望ましいが，組み合わせは大量にあるので，専用のソフトを使わないととても時間がかかる．検証する価値のある組み合わせが限られているなら，必ずしもすべての組み合わせを試す必要はない.

表 3.3 オルガネラ数に関する異なる 5 つのモデルの最尤推定値と最大対数尤度と AIC 値.

<table>
<tr><th rowspan="2">モデル</th><th colspan="7">最尤推定値</th><th rowspan="2">最大対数尤度</th><th rowspan="2">パラメータ数</th><th rowspan="2">AIC</th></tr>
<tr><th>Control</th><th>gpr-1/2</th><th>dyrb-1</th><th>dhc-1</th><th>EE</th><th>LS</th><th>YG</th></tr>
<tr><td>全部入れる</td><td>-</td><td>0.06</td><td>−1.34</td><td>−2.26</td><td>2.34</td><td>2.37</td><td>2.19</td><td>−234.6</td><td>6</td><td>481.1</td></tr>
<tr><td>gpr=control</td><td>-</td><td>-</td><td>−1.37</td><td>−2.29</td><td>2.38</td><td>2.40</td><td>2.23</td><td>−235.0</td><td>5</td><td>479.9</td></tr>
<tr><td>遺伝子発現間に差異なし,細胞間にあり</td><td>-</td><td>-</td><td>-</td><td>-</td><td>1.91</td><td>1.70</td><td>1.67</td><td>−511.2</td><td>3</td><td>1028.4</td></tr>
<tr><td>遺伝子発現間に差異あり,細胞間になし</td><td>2.31</td><td>2.36</td><td>0.97</td><td>0.05</td><td>-</td><td>-</td><td>-</td><td>−237.2</td><td>4</td><td>482.4</td></tr>
<tr><td>gpr=control, 細胞間に差異なし</td><td colspan="2">2.33</td><td>0.97</td><td>0.05</td><td>-</td><td>-</td><td>-</td><td>−237.5</td><td>3</td><td>480.9</td></tr>
<tr><td>gpr=control, dyrb=dhc, LS=YG</td><td>-</td><td>-</td><td colspan="2">−1.72</td><td>2.37</td><td colspan="2">2.31</td><td>−252.0</td><td>3</td><td>509.9</td></tr>
</table>

このように，カテゴリーに分類されたデータに対しても，分類に応じて 0 か 1 を割り振るという数値化によりポアソン回帰モデルが適用可能となり，諸々の仮説を AIC 値の比較で検証できるわけである.

なお，式 (3.15) と (3.16) からわかるように，計測時間の違いは，計測時間 T を含む形で尤度関数が書けるから問題にならない．ちなみに，計測時間が半分だったからといってデータ y_i を 2 倍してしまうと，式 (3.16) と異なる尤度式になる．当然，推定されるパラメータの値も違ってくるし，そもそもモデル自体が式 (3.14) と異なるものになる.

確かに，観察時間が 2 倍になれば観察される回数も 2 倍になる可能性は高い[25]．しかし，データのばらつき具合（分散）はそうはいかない[26]．最尤法では，ばらつき具合がデータと最も近くなるよう確率分布とそのパラメータを推定する．データを 2 倍した数値のばらつき方（分散）は，本来，そんな数値が観察されるときのばらつき方（分散）とは異なる[27].

25) これは，確率変数 X の 2 倍という確率変数の期待値は $E(2X) = 2E(X)$ と，元の期待値の 2 倍になるという数学の定理から保障される.

26) 分散については，$V(2X) = 4V(X)$ と，2 倍でなく 4 倍になる．証明は文献 [1] の §4 や [10] の第 1 章にある.

27) ポアソン分布では期待値と分散が等しいので，カウント数が 2 倍でも分散は 4 倍でなく 2 倍にしかならない.

一般に言えることだが，統計モデルでは極力，観察された数値をそのまま使おうとする．データが不ぞろいのときは，安直にデータを加工するのでなく，統計モデルを工夫することで対処するのが原則である．

3.6 ポアソン回帰モデルでデータを説明できるか

AIC で評価できることは，人が考えたモデルのどちらが良いかという相対評価であり，言ってみれば「マシなモデル」「いくらかマトモなモデル」を選んでいるに過ぎない．そのモデルが自然界の真理であるということではないし，そのモデルでデータを説明できるとも限らない．AIC で選ばれたモデルについて，第 2 章同様，はたしてそのモデルでどの程度データを説明できるか，検証しておきたい．

オルガネラの移動数に関する 3.5 節のポアソン回帰モデルでは，結局のところ各カテゴリーのデータは式 (3.14) のポアソン分布に従うことになるので，2.9 節で述べたようなシミュレーションで検証できる．各カテゴリーごとにモデルが与える強度のポアソン分布に従う乱数をそのカテゴリーのデータ数個だけ生成し，その標本平均と不偏分散を求め，その比をとる．その操作を 1000 回くりかえし，得られた比の平均や上から 25 番目と下から 25 番目[28] を計算する．実際のデータの標本平均と不偏分散の比が上下 2.5%の間に入っていないようなら，「ポアソン回帰モデルでデータは説明できる」とは言えない．

28) 一般には上と下からの 2.5%点.

これを実行してみると，図 3.4 のように 3 つのカテゴリーでデータはポアソン回帰モデルで説明できなかった．

3.4 節のスズランの場合も，各長さ x_i ごとに強度 e^{axi+b} のポアソン乱数を発生させる．この操作を 1000 回くりかえし，各 x_i ごとに上下 25 番目を求め，実際のデータがその間に収まるか確認し，収まっていない点があったらポアソン回帰モデルではデータは説明できていない，となる．

計算を実行すると，図 3.5 のように，長さの長いところで 3 か所，多過ぎたり少な過ぎたり（0 個）している．スズランの果実数も，ポアソン回帰モデルでは説明できないようである．

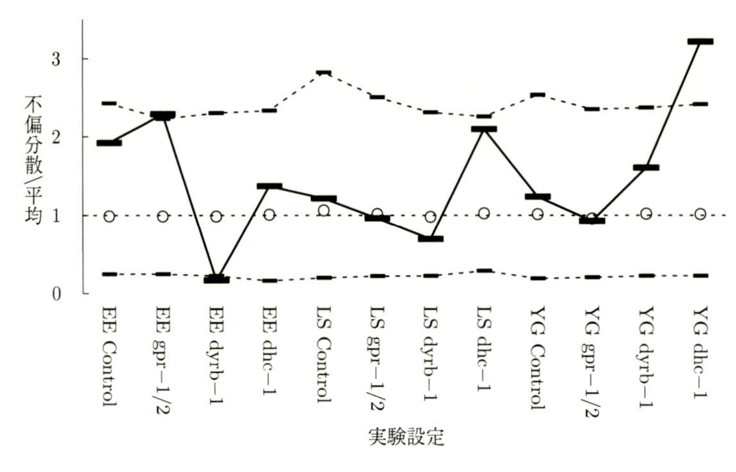

図 3.4 ポアソン回帰モデルで表 3.1 のデータを説明できるか検証した結果.

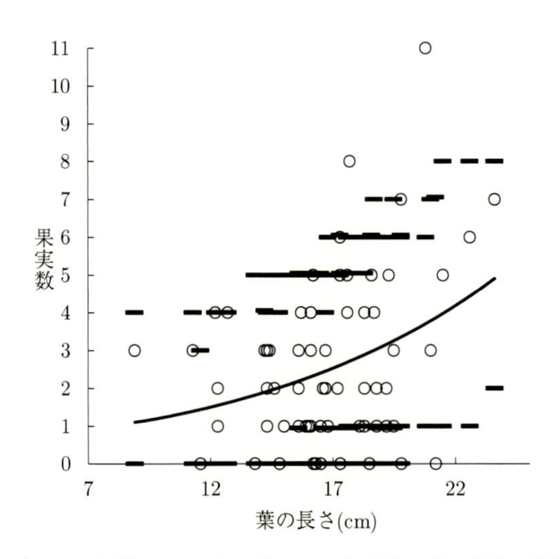

図 3.5 ポアソン回帰モデルでスズランの果実数を葉の長さで予測できるか検証した結果.

3.7 ポアソン分布で説明できない現象

表 3.1 にあるオルガネラの移動数のデータが，AIC で最良と判定されたモデルで説明できなかったのは，なぜだろう.

実際のデータを扱うと，AIC で選んだモデルでもデータを説明できないという事態は普通に出遭う．そこで，「この統計モデルは役に立たない」で終わったのでは，データ解析を実践していることにならない．なぜ説明できないか考え，モデルを改良したり，データ収集法を修正して新たなデータを取り直したりする指針を立てていく作業が，次のステップである．

第一に考えられる原因は，オルガネラ移動というイベントが，必ずしもランダムに発生しているとは限らないということである．

第1章で詳述したように，ランダムに発生しているイベントを一定期間数えると，その個数はポアソン分布に従う．逆に言うと[29)]，ポアソン分布に従っていないなら，イベントはランダムには発生していなかったことになる．

29）数学として正確には「この命題の対偶をとると」というべき．

そもそもモデルの前提となるはずの仮定が満たされていなかったのなら，そんなモデルを適用した結果は無意味なように思えてくるが，そうではない．9つのカテゴリーについては，ポアソン回帰モデルでデータは説明できそうである（図3.4）．考えた範囲では，コントロールとgpr-1/2遺伝子変異は同じというモデルが最良であり，dyrb-1やdhc-1遺伝子変異もコントロールと同じというモデルよりは十分にマシである．それはこの2つの遺伝子変異はオルガネラ移動数に影響を与えたことを示唆する．また，2つのカテゴリーではランダムな場合より移動数は大きくばらつき，1つのカテゴリーでは逆にばらつきが小さい．そうさせる何らかの仕組みが細胞の中にあるのではないか．

さらに，何らかの事情で観測時間が違っても，ポアソン回帰モデルを適用することで，その問題は解消されることも知った．

逆説的に聞こえるかもしれないが，ポアソン回帰モデルで説明し切れないことがわかったことにより，その現象にはランダムな発生以外の作用が働いていることがわかり，次の研究への指針を与えてくれるのである[30)]．

30）この細胞生物に関する研究の最近の発展については論文 [20]，論文 [21] を参照．

このように，統計モデル計算後の考察は，扱った現象やデータに即した個別の議論が要求される．そこでは，確率・統計の世界と，扱った現象の世界の，両方に関する素養が要求される．当然，一人の人間で2つの分野にまたがって十分な素養を養うことは至難の業で，共同研究が不可欠となる．

スズランの果実数については，そもそも，花が咲かないと果実は実らない[31)]．だから，果実数は，花の数以下にしかならない．だか

31）スズランでは，自分以外の花の雄蕊から花粉が運ばれてこないと果実は実らない．さらに，スズランはクローンを作る多年生草本なので，自分と違うクローンの花粉でないと受精に至らない．

ら，もし花の数を数えていたなら，そこが上限になるようなモデルを考えるべきである．実はスズランについては花の数も数えている．それなら，果実になる割合を 2 項分布でモデル化するほうが望ましいと考えられる[32]．

ポアソン分布には平均が決まると自動的に分散も決まるという制約がある．実際のデータには，分散が平均よりはるかに大きいものもあれば小さいものもある．実際，図 3.4 で分散と平均の比が 1 より大きいところでは，ポアソン分布で期待されるより分散の大きいデータであることを意味する．そうしたデータにも対処できる確率分布も，いくつか提唱されている．最も単純には，カウント数のデータでも，カウント数が 2 桁以上くらいあれば，正規分布を用いるモデルで問題はあまり起きない．回帰モデル (3.3) が予測する平均が大きいと負の数を出す確率はほとんど 0 になるし，分散を未知パラメータとしてデータから最適な幅に調整できる利点がある．

一方，ポアソン分布には「ランダムに起こっているイベントを数える」というある種のメカニズムが伴うのに対し，単にデータに合うように作った確率分布には，そうした現場とリンクさせられるメカニズムが伴わない．それでは統計モデルを適用する恩恵が少なくなりかねない．

現状では，知られている確率分布を用いる回帰モデルを適用し，AIC などでモデルを相対評価し，データをどの程度説明できるか検証する．その当てはまっていない部分を注視し，適切な解釈を与えつつ，今後の研究指針を立てていく．望まれるのは，その現象のメカニズムに基づくモデルを新しく考案し，統計手法を用いて実データで検証することである[33]．

32) 論文 [13] で，これを実践している．

33) 手前ミソではあるが，論文 [16] では，魚の産卵に関するカウントデータに対し，メスが同調して産卵する数理モデルを作り，AKB アルゴリズム (Approximate kernel Bayesian algorithm) という統計手法でパラメータを最適化して，モデルでデータを説明できることを示した．

3.8 「正解」のないデータ解析

データを手にしたとき，それを扱う「正しい統計手法」を知りたいと思う．しかし，たいていの場合，それは存在しない．現実の問題には，通常，「正解」はない．統計解析も事情は同じである．

本章で扱ったデータは，いずれもポアソン回帰モデルでは説明できないので，ポアソン回帰モデルは「正解」ではない．正規分布を使うモデルでは，いずれも 0 を含む小さなカウント数が多いデータなので，やはり適切ではない．

当たり前のことでしかないが，統計の世界も正解のない世界であるという認識を持った上で，データを扱うよう心がけてほしい．

AICの根拠をシミュレーションで納得する

この章では，AIC= $-2\times$（最大対数尤度 − パラメータ数）（式(3.12)）で定義される赤池情報量規準で統計モデルを相対評価する根拠について，主にシミュレーション（と若干の数式変形）で体験的な納得を目指す．

4.1 統計モデルと真のモデル

モデルを作る目的は，予測のほか，自然界や人間社会の真理を知りたい，仮説を検証したい，等々いろいろあり，どのようなモデルが「良い」かも場合によって異なるだろう．それでも，自然界や人間社会の真理に近いモデルなら予測力も高いことが期待されるから，なるべく真理に近いモデルを「良い」モデルと評価するのは理にかなっている．

統計モデルは確率分布を含む数式で表され，データはその確率分布に従う確率変数の実現とみなした．それがどの程度真理に近いかを評価するとき，真理もまた確率分布を含む数式で表され，我々が手にしているデータはその確率分布に従う確率変数のひとつの実現であると考えると，単に2つの確率分布の数式の違いを数式で表せばよくなる．

もちろん，「真理が確率分布」と言われると，抵抗を感じずにいられない．自然界にしろ人間社会にしろ，複雑な現象が確率分布に従って動いているはずがない．ただ，真理を知る手段としてデータを用いるなら，データはみな数値である[1]．言い換えると，データと統計モデルで真理を知ろうとする営みでは，真理の中でデータとして数値化された側面しか吟味できない．そこで，複雑な現象のうち，

[1] 「ブナの木がある」は数値でないように見えるが，3.5 節のようにブナがあったら 1, なかったら 0 とすれば数値化される．

数値データ化される過程はある確率分布に従い，データはその確率変数の実現と考え，このデータ生成過程における確率分布を「真のモデル」と呼ぶことにする．

「真のモデル」というと数学では表されない深淵なるものまで含む印象を与えるが，本書ではデータ生成過程を意味する．それなら，真理の中で数学の言葉で表現できる部分のような印象を伴い，抵抗感も薄れるだろう．

こうして，真のモデルも人が作る統計モデルも確率分布となる．だから，人が作ったモデルがどのくらい真のモデルに近いかは，2つの確率分布の数式の差で表せばよい．本書では，ポアソン分布に代表される，$0, 1, 2, \ldots$ というとびとびの整数値しかとらない離散型確率分布を主に扱うので，確率分布は0以上の整数の関数 $f(k) (k = 0, 1, 2, \ldots)$ を用いて $P(X = k) = f(k)$ と表される[2)]．

[2)] 0か1か，樹木の種や細胞の種類などのカテゴリカル分布も離散型のひとつ．そのとき，k は有限の範囲を動く．

4.2 カルバック・ライブラー情報量

そこで，真のモデルの確率分布を $p(k)$，人が作った統計モデルの確率分布を $q(k)$ とする．確率分布 $p(k)$ は実際のところ数列の形で表されるわけで，確率分布の差といっても，$\{p(k)\}$ という数列と $\{q(k)\}$ という数列の違いを表現できればよい．数列の違いを表す尺度なら，いろいろな数式を思いつけるだろう．最小2乗法からの連想で，

$$\sum_k (p(k) - q(k))^2 \tag{4.1}$$

あるいは，単純に差の絶対値をとった，

$$\sum_k |p(k) - q(k)| \tag{4.2}$$

などは，数列の違いを表す尺度の例である．

赤池情報量規準では，カルバック・ライブラー情報量と呼ばれる尺度で2つの確率分布の差を評価する．

カルバック・ライブラー情報量 (Kullback-Leibler information)

$$I(p, q) = \sum p(k) \ln \frac{p(k)}{q(k)} \tag{4.3}$$

この式は，$\{p(k)\}$ という数列と $\{q(k)\}$ という数列の近さの尺度として，式 (4.1) や (4.2) と比べてピンと来ないかもしれない．少し実例を見てみる．

図 4.1a では，強度 4 のポアソン分布に対し，強度 3 のポアソン分布と強度 5 のポアソン分布のどちらがより近いか，上記 3 つの尺度を用いて比較している．グラフから受ける印象では，強度 3 は 4 より左にゆがみ，強度 5 は右にゆがみ，どちらも同じようにゆがんでいて，どっちが「より大きく違っているか」，人の目では判定しづらい．それを，3 つの尺度はいずれも強度 5 のほうが強度 4 に近いと判定している．

図 4.1b では，強度 3.3 と強度 4.8 を比較している．この場合，平方による尺度 (4.1) では強度 4.8 の方が近いと判定するが，他の 2 つの尺度は逆の判定をしている．

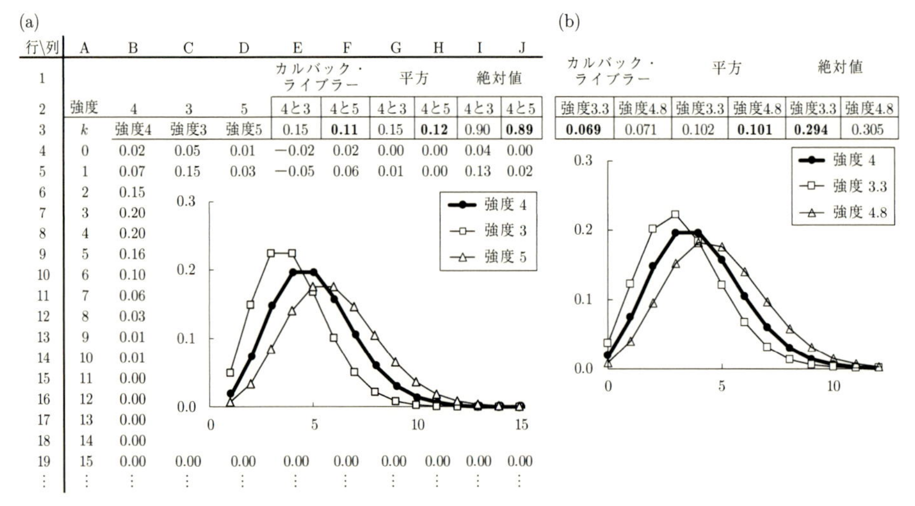

(a)

行\列	A	B	C	D	E	F	G	H	I	J
1					カルバック・ライブラー		平方		絶対値	
2	強度	4	3	5	4と3	4と5	4と3	4と5	4と3	4と5
3	k	強度4	強度3	強度5	0.15	**0.11**	0.15	**0.12**	0.90	**0.89**
4	0	0.02	0.05	0.01	−0.02	0.02	0.00	0.00	0.04	0.00
5	1	0.07	0.15	0.03	−0.05	0.06	0.01	0.00	0.13	0.02
6	2	0.15								
7	3	0.20								
8	4	0.20								
9	5	0.16								
10	6	0.10								
11	7	0.06								
12	8	0.03								
13	9	0.01								
14	10	0.01								
15	11	0.00								
16	12	0.00								
17	13	0.00								
18	14	0.00								
19	15	0.00	0.00	0.00	0.00	0.00	0.00	0.00	0.00	0.00
⋮	⋮	⋮	⋮	⋮	⋮	⋮	⋮	⋮	⋮	⋮

(b)

カルバック・ライブラー		平方		絶対値	
強度3.3	強度4.8	強度3.3	強度4.8	強度3.3	強度4.8
0.069	0.071	0.102	**0.101**	**0.294**	0.305

図 4.1 確率分布の差の計算例．(a) カルバック・ライブラー情報量，確率分布の確率の差の平方の総和，差の絶対値の総和の 3 つの尺度で比べるエクセルファイルの例．強度 4 のポアソン分布と，強度 3 のポアソン分布および強度 5 のポアソン分布との差が 3 行目に表示されている．近いと判断されたほうの数値を太字にしてある．
セル B4:=POISSON($A4,B$2,FALSE)．コピーして列 D 行 20 まで貼り付け（ポアソン分布はカウント数 20 で打ち切っている．実際，20 では確率分布の値は 0 ばかりである）．セル E4:=$B4*LN($B4/C4)．コピーして列 F 行 20 まで貼り付け．セル G4:=($B4−C4)^2．コピーして列 H 行 20 まで貼り付け．セル I4:=ABS($B4−C4)．コピーして列 J 行 20 まで貼り付け．セル E3:=SUM(E4:E27)．コピーして列 J まで貼り付け．(b) 強度 4 のポアソン分布と，強度 3.3 および 4.8 のポアソン分布の差．

このように，カルバック・ライブラー情報量という尺度は，だいたい近そうな確率分布を「近い」と判定してくれるが，別な（より単純そうな）式と異なる判定をすることもある．

では，なぜ，あえてこの尺度を使うのだろう．

ある離散型確率分布から非常に多い n 個のサンプルをランダムに取り，それらをカテゴリーに分けたところ K 種類あったとする．それらを $k = 1, 2, \ldots, K$ とし，カテゴリー k は n_k 個あったとする ($\sum_{k=1}^{K} n_k = n$)．この n 個のサンプルの世界では，カテゴリー k の割合は n_k/n であり，ランダムに1個とったサンプルのカテゴリーが k である確率は n_k/n である．n が非常に大きければこれを真のモデルとみなしてさしつかえない．すなわち，

$$p(k) = \frac{n_k}{n}$$

とする．

この真のモデルに対し，人はカテゴリー k の割合が $q(k)$ である，というモデルを考えたとする．そんなモデルの下で $(n_1, n_2, \ldots, n_K)$ というデータが得られる確率は，多項分布 (multinomial distribution) を用いて[3]，

$$W = \frac{n!}{n_1! n_2! \cdots n_K!} q(1)^{n_1} q(2)^{n_2} \cdots q(K)^{n_K}$$

となる[4]．この対数をとる．

$$\ln W = \ln n! - \sum_{k=1}^{K} \ln n_k! + \sum_{k=1}^{K} n_k \ln q(k) \tag{4.4}$$

以下では，n が大きいと $\frac{\ln W}{n}$ は $-I(p, q)$ と近い値になることを示す（下の式 (4.5)）．すると，$I(p, q)$ が小さいモデルほど $\ln W$ すなわち W が大きくなる．言い換えるとデータ $(n_1, n_2, \ldots, n_K)$ を生成する確率が高くなる．だから，真のモデルに近いと考えられる．

n が大きいと $\frac{\ln W}{n}$ が $-I(p, q)$ と近くなることを示すため，まず，n や n_k は大きいので，スターリングの公式 (Stirling formula)[5]，

$$\ln n! \fallingdotseq \ln \sqrt{2\pi} + \left(n + \frac{1}{2}\right) \ln n - n$$

を用いて以下のように近似する．

3) 多項分布の式は 2 項分布の時（0.4 節）と同じように考えることで導出できる．

4) 尤度と同じ考え．W はまさしく尤度．

5) この公式も数学の本で証明を読むより，手元のパソコンで両辺を計算し，確かに近いと納得することを勧める．ちなみに $n = 100$ では，左辺 =363.7394，右辺 =363.7385 である．

$$\ln W \fallingdotseq \ln\sqrt{2\pi} + \left(n + \frac{1}{2}\right)\ln n - n$$
$$- \sum_{k=1}^{K}\left(\ln\sqrt{2\pi} + \left(n_k + \frac{1}{2}\right)\ln n_k - n_k\right) + \sum_{k=1}^{K} n_k \ln q(k)$$

$\sum_{k=1}^{K} n_k = n$ だから 3 つ目の n と $\sum$ のなかの 3 つ目の部分 (n_k) はキャンセルする．残りの項の順番を入れ替えて，

$$\begin{aligned}\ln W \fallingdotseq& n\ln n - \sum_{k=1}^{K} n_k \ln n_k + \sum_{k=1}^{K} n_k \ln q(k)\\ &+ \left\{(1-K)\ln\sqrt{2\pi} + \frac{1}{2}\left(\ln n - \sum_{k=1}^{K}\ln n_k\right)\right\}\end{aligned}$$

最初の n を $\sum_{k=1}^{K} n_k$ にして 2 項目と合体させると，

$$\begin{aligned}\ln W \fallingdotseq& \left(\sum_{k=1}^{K} n_k\right)\cdot\ln n - \sum_{k=1}^{K} n_k \ln n_k + \sum_{k=1}^{K} n_k \ln q(k)\\ &+ \left\{(1-K)\ln\sqrt{2\pi} + \frac{1}{2}\left(\ln n - \sum_{k=1}^{K}\ln n_k\right)\right\}\\ =& -\sum_{k=1}^{K} n_k \ln\frac{n_k}{n} + \sum_{k=1}^{K} n_k \ln q(k)\\ &+ \left\{(1-K)\ln\sqrt{2\pi} + \frac{1}{2}\left(\ln n - \sum_{k=1}^{K}\ln n_k\right)\right\}\end{aligned}$$

最初の 2 つをまとめ，両辺を n で割り，$p(k) = \frac{n_k}{n}$ を代入する．

$$\begin{aligned}\frac{\ln W}{n} \fallingdotseq& -\left\{\sum_{k=1}^{K}\frac{n_k}{n}\ln\frac{n_k}{n} - \sum_{k=1}^{K}\frac{n_k}{n}\ln q(k)\right\}\\ &+ \frac{(1-K)\ln\sqrt{2\pi} + \frac{1}{2}\left(\ln n - \sum_{k=1}^{K}\ln n_k\right)}{n}\\ =& -\left(\sum_{k=1}^{K} p(k)\ln\frac{p(k)}{q(k)}\right) + \frac{(1-K)\ln\sqrt{2\pi} + \frac{1}{2}\left(\ln n - \sum_{k=1}^{K}\ln n_k\right)}{n}\end{aligned}$$

第 1 項は，式 (4.3) と同じ，すなわち $p(k)$ という真のモデルと $q(k)$ という人が作ったモデルのカルバック・ライブラー情報量 $I(p, q)$ で測った近さ（にマイナスを付けたもの）にほかならない．第 2 項は，

n が十分大きいと，$\frac{\ln n}{n}$ も（分子が n より小さい n_k である）$\frac{\ln n_k}{n}$ もほぼ 0 である[6]．したがって，n が大きいと，

$$\frac{\ln W}{n} \fallingdotseq -I(p,q) \tag{4.5}$$

が成り立つ．

なお，W は $q(k) = \frac{n_k}{n}$ のときに最大になり[7]，$I(p,q)$ もすべての k について $q(k) = p(k)$ のとき最小値 0 をとることが知られている[8]．

このように，カルバックライブラー情報量の小さい統計モデルほどデータを生成する確率が高く，統計モデルが真のモデルと一致するとき最小値 0 をとる．したがって，カルバック・ライブラー情報量は真のモデルとの近さを測る尺度に適しているわけである．

6) $\lim_{n\to\infty} \frac{\ln n}{n} = 0$ は高校数学で示せるが，ここでもパソコン計算で確かめてみることを勧める．ちなみに，$n = 1000$ のとき 0.0069，$n = 10$ 万では 0.0001 である．

7) 多項分布の最尤推定量として知られている．

8) 証明は文献 [1] の §6 や [6] の第 3 章にある．

4.3 平均対数尤度

もちろん真のモデル $p(k)$ はわからないから[9]，人が作った統計モデルをカルバック・ライブラー情報量で評価することはできない．ところが，式 (4.3) を変形して，

$$I(p,q) = \sum p(k) \ln p(k) - \sum p(k) \ln q(k) \tag{4.6}$$

とし，さらに人が作った第 2 のモデルを考え，その確率分布を $r(k)$ として，これと真のモデルとのカルバック・ライブラー情報量による近さの式と並べてみる．

$$I(p,r) = \sum p(k) \ln p(k) - \sum p(k) \ln r(k)$$

第 1 項 $I(p,r) = \sum p(k) \ln p(k)$ は共通なので，第 2 項（$\sum p(k) \ln q(k)$ と $\sum p(k) \ln r(k)$）の小さいほうが真のモデルに近い．言い換えると，2 つの人が作ったモデルのどちらがより真実に近いかという相対評価をするかぎり，式 (4.6) の第 1 項は同じだから第 2 項を比べればよいわけである．

もちろん第 2 項も真のモデル $p(k)$ を含んでいるから計算できない点では同じである．

しかし，ひとたび n 個のデータ $\mathbf{x}_{1:n} = (x_1, x_2, \ldots x_n)$ を手にし

9) それがわかっていたら研究することはない！

たなら，データは真のモデル $p(k)$ から生成されたと考えているので，n 個のサンプルの中にカテゴリー k が n_k 個あれば[10]，真の割合 $p(k)$ はだいたい n_k/n のはずである[11]．そこで，$I(p,q)$ の第 2 項の $p(k)$ のところに n_k/n を代入してみる．

10) $x_i = k$ を満たす x_i が n_k 個あれば．

11) 大数の法則として，たいていの確率・統計の本に出ている．

$$\sum_k p(k) \ln q(k) \doteqdot \sum_k \frac{n_k}{n} \ln q(k)$$

両辺を n 倍すると，

$$n \sum_k p(k) \ln q(k) \doteqdot \sum_k n_k \ln q(k) = \sum_k \ln q(k)^{n_k} = \ln \left\{ \prod_k q(k)^{n_k} \right\} \tag{4.7}$$

となる．

一方，データ $(x_1, x_2, \ldots x_n)$ を得たときの統計モデル $q(k)$ の尤度は，

$$\prod_{i=1}^{n} q(x_i)$$

だが，データ x_i をそのカテゴリー k で n_k 個ごとにまとめると，

$$\prod_{i=1}^{n} q(x_i) = \prod_k q(k)^{n_k}$$

となり，式 (4.7) の $\ln\{\}$ の中身と一致する．したがって，

$$I(p,q) \text{の第 2 項の} n \text{倍} = n \sum_k p(k) \ln q(k) \doteqdot \sum_k n_k \ln q(k) = \text{対数尤度} \tag{4.8}$$

となっている．

すなわち，n 個のデータがあるとき，人が作ったモデル $q(k)$ の対数尤度は，真のモデルとの近さの相対評価（(4.6) の第 2 項）の n 倍の近似になっている．真のモデルに近いほど「良い」モデルだから，近さは小さいほうがよく，マイナスが付くので対数尤度は大きいほうが良い．したがって，対数尤度を最大にするようなモデルが最も尤もらしい．こうして，最尤法に関する新たな根拠が与えられた．

カルバック・ライブラー情報量による相対評価項にサンプル数をかけたものを，平均対数尤度という．

平均対数尤度 (mean log-likelihood)

$$n \sum_k p(k) \ln q(k) \tag{4.9}$$

第 2，3 章でいくつか実データをとりあげたが，人が作る統計モデルは通常，未知パラメータを含み，データに基づいてその値を推定する．その意味で，$q(k)$ でなくパラメータを θ として $q(k;\theta)$ と書くほうが好ましい．さらに，パラメータの値として最尤推定値を用いる場合，$q(k;\hat{\theta})$ と書くほうが望ましいし，最尤推定値はデータ $\mathbf{x}_{1:n}$ に依存することを明示して，$q(k;\hat{\theta}(\mathbf{x}_{1:n}))$ と書くほうがさらに望ましい．以下では，データ $\mathbf{x}_{1:n}$ から推定した最尤推定値 $\hat{\theta}(\mathbf{x}_{1:n})$ を用いたモデルの平均対数尤度を，$a(\hat{\theta}(\mathbf{x}_{1:n}))$，このときの対数尤度（最大対数尤度）を $l(\hat{\theta}(\mathbf{x}_{1:n}))$ と書くことにする．

$$a(\hat{\theta}(\mathbf{x}_{1:n})) = n \sum_k p(k) \ln q(k;\hat{\theta}(\mathbf{x}_{1:n})) \tag{4.10}$$

$$l(\hat{\theta}(\mathbf{x}_{1:n})) = \sum_{i=1}^{n} \ln q(x_i;\hat{\theta}(\mathbf{x}_{1:n})) \ {}^{12)} \tag{4.11}$$

データ $\mathbf{x}_{1:n}$ をカテゴリーでまとめた書き方では，最大対数尤度 (4.11) は，

$$l(\hat{\theta}(\mathbf{x}_{1:n})) = \sum_k n_k \ln q(k;\hat{\theta}(\mathbf{x}_{1:n})) \ {}^{13)} \tag{4.11'}$$

となる．

[12] Σ 記号で足すものが，(4.10) では考えられるすべて（無限個）の可能性 ($k = 0, 1, 2, \ldots$)，(4.11) ではデータの数 n である点に注意．

[13] Σ 記号で足すのは k だが，(4.10) のような無限和でなく，データの中の最大までで十分である．

式 (4.8) が示すように，平均対数尤度と最大対数尤度は近い．しかし，実際のところ，どれくらい近いのだろう．確かにサンプル数 n が大きくなれば，カテゴリー k の出た割合 n_k/n は真の確率 $p(k)$ に近づいていく．しかし，現実のサンプル数は有限である．そのデータから求めた最尤推定値を用いるモデルの最大対数尤度は，どのくらい平均対数尤度と近い値になるのだろうか．また，この近似に，大き目に出てしまいやすいとか小さ目に出てしまいやすいといったバイアスはないのだろうか．

式 (4.10) を見てもよくわからないので，実例を見ることにする．

4.4 ポアソン分布モデルの平均対数尤度と最大対数尤度

真のモデルを強度 λ のポアソン分布モデルとする．真のモデルの確率分布 $p(k)$ は,

$$p(k) = \frac{e^{-\lambda}\lambda^k}{k!} \tag{4.12}$$

である．

この真のモデルから生成された n 個のカウント数のデータ $\mathbf{x}_{1:n} = (x_1, x_2, \ldots, x_n)$ があったとする．このデータに対し，人は強度 r のポアソン分布モデルを考えたとする[14]．人が作った統計モデルの確率分布 $q(k;r)$ は,

$$q(k;r) = \frac{e^{-r}r^k}{k!} \tag{4.13}$$

で[15]，対数尤度関数は，式 (2.9) より，

$$l(r) = \ln\{\prod_{i=1}^{n} q(x_i;r)\} = \sum_{i=1}^{n}(-r + x_i \ln r - \ln x_i!) \tag{4.14}$$

最尤推定量は (2.10) と同じで,

$$\hat{r}(\mathbf{x}_{1:n}) = \frac{\sum_{j=1}^{n} x_j}{n}$$

最大対数尤度 (4.11) は,

$$l(\hat{r}(\mathbf{x}_{1:n})) = \sum_{i=1}^{n}(-\hat{r}(\mathbf{x}_{1:n}) + x_i \ln(\hat{r}(\mathbf{x}_{1:n})) - \ln x_i!) \tag{4.15}$$

(4.11′) の書き方なら,

$$l(\hat{r}(\mathbf{x}_{1:n})) = \sum_{k} n_k(-\hat{r}(\mathbf{x}_{1:n}) + k\ln(\hat{r}(\mathbf{x}_{1:n})) - \ln k!) \tag{4.15′}$$

となる．

最尤推定量を用いるモデルの平均対数尤度は，式 (4.10) に (4.13) と (4.12) を代入して,

$$a(\hat{r}(\mathbf{x}_{1:n})) = n\sum_{k=0}^{\infty}\frac{e^{-\lambda}\lambda^k}{k!}(-\hat{r}(\mathbf{x}_{1:n}) + k\ln(\hat{r}(\mathbf{x}_{1:n})) - \ln k!) \tag{4.16}$$

[14] 真のモデルと人が作った統計モデルが一致している．現実にはもちろんそんなことは滅多にない．

[15] 真のモデルとは，強度が未知パラメータ r であるという点でのみ異なっている．

となる．

問題は式 (4.15) と (4.16) がどのくらい近いかと，一方が他方より大き目になるなどのバイアスの有無である．ところが，こうした具体的なモデルにしてみたにもかかわらず，やはりよくわからない．こういうとき，パソコンによる計算が便利である．式 (4.15) や (4.16) の計算は，たいていの計算ソフトで容易に実行できる．式 (4.16) では k について無限大までの和の計算が要求されるが，分母の階乗の項 $(k!)$ が，k が大きくなると急速に増大するので，真のモデルの強度 λ を小さめにしておく限り，適当な有限和で近似してほとんど問題ない．

ここでは，真のモデルの強度を $\lambda = 4$ とする．実際に計算してみると，式 (4.16) の無限和は，$\sum_{k=0}^{20}$ でも $\sum_{k=0}^{50}$ でも $\sum_{k=0}^{100}$ でもほとんど同じ値になった．以下では 50 までの和で近似した結果を示す．

データが変わると最尤推定値が変わるので人が作ったモデルも変わり，平均対数尤度も最大対数尤度も変わる．現実の世界ではデータは 1 セットしかない場合が多いが，今は真のモデルも人が決めているので，何セットでも人工的に作ることができる．それにより，近似の精度とバイアスの有無を調べられる．

データ数を $n = 100$ とし，100 個の強度 4 のポアソン乱数を生成し，標本平均（最尤推定値）を求め，最大対数尤度 $l(\hat{r}(\mathbf{x}_{1:n}))$(4.15) と平均対数尤度 $a(\hat{r}(\mathbf{x}_{1:n}))$(4.16) を計算する．同じ操作を 10 回くりかえした結果を示したのが表 4.1 である．近似の精度はあまりよくない印象を受ける．また，シミュレーションによって，最大対数

表 4.1 平均対数尤度と最大対数尤度の差をサンプル数 $n = 100$ の人工データで計算した 10 個の例．

	最大対数尤度	平均対数尤度	差
1	−203.2	−208.7	5.5
2	−216.2	−208.7	−7.5
3	−206.2	−209.1	2.9
4	−208.8	−209.1	0.3
5	−219.1	−208.9	−10.2
6	−203.4	−209.9	6.5
7	−205.2	−210.8	5.6
8	−214.0	−209.0	−4.9
9	−205.1	−208.7	3.6
10	−210.7	−210.7	0.1

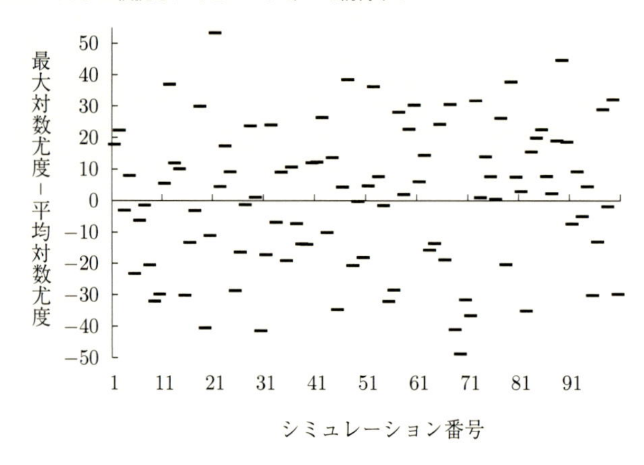

図 4.2 平均対数尤度と最大対数尤度の差をサンプル数 $n = 1000$ の人工データで計算した 100 個の例.

尤度のほうが大きい場合もあれば平均対数尤度のほうが大きい場合もあり，目立ったバイアスがあるようには見えない.

データ数を $n = 1000$ とし，くりかえしを 100 回に増やして，結果をグラフにしてみた（図 4.2）. 表 4.1 より 0 から外れる度合いが高まり，近似精度は落ちたように見える[16)]．また，両者の大小に特に差はなく，差は 0 を中心に均等に上下に散らばっているように見える.

16) 最大対数尤度はデータ数だけの和で平均対数尤度も全体を n 倍することが一因である.

思い切ってくりかえしを 10000 回に増やし，10000 個の差の平均を計算してみた．すると，0.977 となっていた．つまり，一見，最大対数尤度は平均対数尤度の上下にばらつくように見えるが，よく見ると，上回っている傾向があり，平均すると最大対数尤度のほうが 0.977 くらい大きいようである．ちなみに，ここで人が作ったモデルのパラメータ数は 1 で，$0.977 \fallingdotseq 1$ である.

4.5 パラメータが 2 つ以上あるモデルの平均対数尤度と最大対数尤度の差

次に，パラメータが 2 つある統計モデルで同じようなシミュレーションをやってみる.

2 つの条件 A と B があり[17)]，真のモデルは，条件 A の下では強度 λ_A のポアソン分布に従い，条件 B の下では強度 λ_B のポアソン分布

17) 第 3 章にあったような，実験における異なる条件設定をイメージしている.

に従うとする．データは，条件Aの下でn_A個，条件Bの下でn_B個，それぞれ独立に得ているとし，それらを$\mathbf{x}^A_{1:n_A}=(x^A_1,x^A_2,\ldots,x^A_n)$，$\mathbf{x}^B_{1:n_B}=(x^B_1,x^B_2,\ldots,x^B_n)$とする．真のモデル$p(k)$は，

$$p(k)=\begin{cases}\frac{e^{-\lambda_A}\lambda_A^k}{k!} & \text{条件 A のとき}\\ \frac{e^{-\lambda_B}\lambda_B^k}{k!} & \text{条件 B のとき}\end{cases} \tag{4.17}$$

となる．

この状況で，人は2つのモデルを作ったとする．ひとつは，条件Aのデータには強度r_Aのポアソン分布モデル，条件Bのデータには強度r_Bのポアソン分布モデルを適用するというもので[18]，今一つは2つの条件で違いはないと考え，どちらにも同じ強度r_0のポアソン分布モデルを適用するというものである[19]．

18) パラメータ数は2.

19) パラメータ数は1.

1つめのパラメータ数が2のモデルでは，n_A+n_B個のデータは互いに独立と仮定し，最初のn_A個のデータには強度r_A，後半のn_B個には強度r_Bのポアソン分布モデルを適用するので，対数尤度関数は，

$$l(r_A,r_B)=\sum_{i=1}^{n_A}(-r_A+x_i^A\ln r_A-\ln x_i^A!)+\sum_{i=1}^{n_B}(-r_B+x_i^B\ln r_B-\ln x_i^B!)$$

となる．最尤推定量は，r_Aで微分して，

$$\hat{r_A}=\frac{\sum_{i=1}^{n_A}x_i^A}{n_A}$$

r_Bで微分して，

$$\hat{r_B}=\frac{\sum_{i=1}^{n_B}x_i^B}{n_B}$$

を得る[20]．すなわち，$\hat{r_A}$はデータ$\mathbf{x}^A_{1:n_A}$の標本平均，$\hat{r_B}$はデータ$\mathbf{x}^B_{1:n_B}$の標本平均となる．

20) 最尤推定量が依存するデータは$(\mathbf{x}^A_{1:n_A},\mathbf{x}^B_{1:n_B})$と面倒な表記になるので省略した．

パラメータが1つのモデルでは，最初のn_A個にも後半のn_B個にも強度r_0のポアソン分布モデルを適用するので，対数尤度関数は，

$$l(r_0)=\sum_{i=1}^{n_A}(-r_0+x_i^A\ln r_0-\ln x_i^A!)+\sum_{i=1}^{n_B}(-r_0+x_i^B\ln r_0-\ln x_i^B!)$$

となる．r_0で微分して$=0$とおくと最尤推定量は，2つのデータを合わせた全体の標本平均，

$$\hat{r_0} = \frac{\sum_{i=1}^{n_A} x_i^A + \sum_{i=1}^{n_B} x_i^B}{n_A + n_B}$$

となることがわかる．したがって，パラメータが 1 つのモデルの最大対数尤度と平均対数尤度は，(4.15) と (4.16) を 2 つのデータ $\mathbf{x}_{1:n_1}^A$，$\mathbf{x}_{1:n_2}^B$ で統合した，

$$l(\hat{r_0}) = \sum_{i=1}^{n_A}(-\hat{r_0}+x_i^A \ln(\hat{r_0})-\ln x_i^A!)+\sum_{i=1}^{n_B}(-\hat{r_0}+x_i^B \ln(\hat{r_0})-\ln x_i^B!) \tag{4.18}$$

と，

$$a(\hat{r_0}) = (n_A + n_B)\sum_{k=0}^{\infty}\frac{e^{-\lambda}\lambda^k}{k!}(-\hat{r_0} + k\ln(\hat{r_0}) - \ln k!) \tag{4.19}$$

となる．

一方 1 つ目のパラメータ数が 2 のモデルでは，最初の n_A 個には強度 $\hat{r}_A$，後半の n_B 個には強度 $\hat{r}_B$ のポアソン分布モデルを適用するので，最大対数尤度と平均対数尤度はそれぞれ，

$$l(\widehat{r_A, r_B}) = \sum_{i=1}^{n_A}(-\hat{r_A}+x_i^A \ln(\hat{r_A})-\ln x_i^A!)+\sum_{i=1}^{n_B}(-\hat{r_B}+x_i^B \ln(\hat{r_B})-\ln x_i^B!) \tag{4.20}$$

と，

$$\begin{aligned} a(\widehat{r_A, r_B}) =& n_A\sum_{k=0}^{\infty}\frac{e^{-\lambda}\lambda^k}{k!}(-\hat{r_A} + k\ln(\hat{r_A}) - \ln k!) \\ &+ n_B\sum_{k=0}^{\infty}\frac{e^{-\lambda}\lambda^k}{k!}(-\hat{r_B} + k\ln(\hat{r_B}) - \ln k!) \end{aligned} \tag{4.21}$$

となる．

表 4.2 は，2 つの条件の下での強度およびサンプル数をいろいろ変えたとき[21]の，最大対数尤度と平均対数尤度の差の平均がどうなっ

21) $n_A = n_B$ とした．

表 4.2 2 つの条件下で異なるポアソン分布を真のモデルとしたとき（上の 2 行が強度）の，2 つの統計モデルについての最大対数尤度と平均対数尤度の差の 10000 回のシミュレーションにおける平均値（下の 2 行）．中央はデータ数．

真のモデルの強度							
	λ_A	4	4	4	4	4	4
	λ_B	6	6	6	3	3	3
	データ数 $n_A + n_B$	2000	200	20	2000	200	20
最大対数尤度と	A と B で別（パラメータ数 = 2）	2.09	1.89	2.02	1.99	2.00	2.06
平均対数尤度の差	A と B で共通（パラメータ数 = 1）	1.04	0.91	1.03	1.00	1.01	1.04

たかをまとめたものである．サンプル数や強度の大きさに関係なく，パラメータ数2のモデルでは差は2に近い値になり，パラメータ数1のモデルではほぼ1になっている．

異なる条件を3つに増やしてみた結果が表4.3aである．この場合，条件ごとに強度を変えた場合[22]の最大対数尤度と平均対数尤度の差の平均はほぼ3，共通にする[23]とやはりほぼ1となっている．

今度は逆に，条件AでもBでも同じ強度というのを真のモデルとし，それで生成されたデータに，Aの下で得られたn_A個のデータと，Bの下で得られたn_B個のデータに，それぞれ強度の異なるモデルを適用した場合[24]と共通の強度にした場合[25]について，最大対数尤度と平均対数尤度の差の平均を調べてみる．表4.3bのサンプル数200の列にあるように，強度をAとBで変えた場合はほぼ2，共通にするとほぼ1となっている．

同じように均一な4という強度で生成されたデータに，A, B, Cで強度が異なるとした3つのパラメータを持つモデル，さらにA,B,C,Dで異なるとした4つのパラメータを持つモデルを適用してみる．表4.3bの右の2列にあるように，3つのパラメータのモデルでは，最

22) パラメータ数は3．最大対数尤度と平均対数尤度は，それぞれ(4.20)と(4.21)に条件Cの項を加えたもの．

23) パラメータ数は1．最大対数尤度と平均対数尤度は，(4.18)にCの項を加えたものと，(4.19)の最初を$(n_A + n_B + n_C)$に変えたもの．

24) パラメータ数は2．式(4.20)と(4.21)を使う．

25) パラメータ数は1．式(4.18)と(4.19)を使う．

表4.3 様々なパラメータ数のモデルにおける，最大対数尤度と平均対数尤度の差．(a) 3つの条件下で異なるポアソン分布を真のモデルとしたとき．上の3行は真のモデルの強度，下の2行は2つの統計モデルについての最大対数尤度と平均対数尤度の差の10000回のシミュレーションにおける平均．(b) 均一な強度のポアソン分布を真のモデルとしたときの，真のモデルの強度（一番上の行）と，データを1–4等分してそれぞれ1–4つのパラメータを有するモデルを適用した場合の，最大対数尤度と平均対数尤度の差の10000回の平均（下の4行）．

(a)

真のモデルの強度	λ_A	4	4
	λ_B	5	5
	λ_C	6	6
	サンプル数 n	30	300
最大対数尤度と平均対数尤度の差	強度はすべて同じ（パラメータ数 = 1）	0.97	0.98
	A, B, Cで強度は別（パラメータ数 = 3）	3.04	3.01

(b)

真のモデルの強度	λ	4	4	4
	サンプル数 n	200	300	400
最大対数尤度と平均対数尤度の差	強度はすべて同じ（パラメータ数 = 1）	0.97	1.02	0.87
	AとBで強度は別（パラメータ数 = 2）	1.96		
	A,B,Cで強度は別（パラメータ数 = 3）		3.01	
	A,B,C,Dで強度は別（パラメータ数 = 4）			3.93

大対数尤度と平均対数尤度の差の平均はだいたい3，4つのパラメータのモデルでは，だいたい4，全部共通（パラメータは1つ）のモデルではいずれの場合もだいたい1である．

4.6 シミュレーションで見えてきたAICの根拠

こうして，ある種の規則性が見えてきた．最大対数尤度と平均対数尤度の差は，平均するとだいたいパラメータ数ほど違っている．

最大対数尤度−平均対数尤度 ≒ パラメータ数

移項すると，

平均対数尤度 ≒ 最大対数尤度 − パラメータ数

平均対数尤度の大きいほうが良いモデルと相対評価できる．これは真のモデルを知らないので計算しようがないはずだが，データがあれば，代わりに最大対数尤度という近似値を求める．ただ，最大対数尤度では平均対数尤度より高めに出てしまうバイアスがある．しかし，平均的にはパラメータ数だけ高めに出るので，最大対数尤度からパラメータ数を減じて平均対数尤度を近似すべきである．こんな様子が見えてこないだろうか．

以上が，赤池情報量規準 (AIC) でパラメータ数を引く根拠を納得したいときに，比較的容易に体験できるシミュレーションの一例である．ポアソン回帰モデル[26]で作られたデータにポアソン回帰モデルを適用した場合の事例に過ぎないが，最大対数尤度と平均対数尤度の差が，どの場合も平均するとほとんどぴったりパラメータ数という整数になっていることに，驚きを禁じえない．

繰り返しになるが，1つのデータについては，表4.1や図4.2のように，最大対数尤度と平均対数尤度がどのくらい離れているか，予想できない．あくまで，様々なデータについて平均すると，パラメータ数くらいだけ，最大対数尤度のほうが大きいというバイアスがあるから，それを差し引いて近似するのである[27]．

これだけの根拠でAICの式を納得しろ，と言われても無理はある

[26] AとBで強度を変えたモデルは，カテゴリカルデータに対するポアソン回帰モデルである．強度を共通にしたものは，ポアソン分布モデルである．

[27] 2.8節の分散の不偏推定量と同じような考え方である．なお，パラメータ数でバイアスを近似できるためにはサンプル数nが大きい必要があるが，不偏分散の場合は必要ない点で，少し違っている．

かもしれない．それでも，「なんか知らんがパラメータ数を引けばいい」「パラメータ数を罰則として引くんだ」だけの理解と比べ，大きな進歩になっていないだろうか．

本書のようなシミュレーションは，「使うためだけ」の理解と「数学としての理解」の中間に位置する．こうした中間着地点をいろいろ用意し，学習者の経験や要求に応じて，徐々に数学としての証明に近づいたり，手ごろな中間点で妥協したりできるようにしておくことが，AIC を使っていく上で大きな助けとなると思う次第である[28)]．

なお，表 4.1 や図 4.2 を見ていると，最大対数尤度をパラメータ数で補正しても，（平均的には適切な補正だが）実際のところ，10 大きかったり 10 小さかったりしていたのでは補正として不十分に思えてくる．ところで，実際に AIC を使うときは，必ず複数の統計モデルを扱う．そして概して，あるモデルが 10 過大だと別なモデルも 10 くらい過大となり[29)]，結果として，どちらが真に近いかを判定するには，パラメータ数の補正で済む場合も多い．もちろん，そううまくいかず，本当は真のモデルに近い統計モデルが誤って遠いと判定されることもある．

この問題については第 5 章の最後でもう一度，簡単に触れる．

28) AIC でパラメータ数が出てくるしっかりした解説は文献 [6] の第 3 章，本書のようなシミュレーションや具体例を用いた説明は文献 [7] の第 4 章などにある．

29) ちなみに，表 4.2 や表 4.3 にあるパラメータ数の異なるモデル間で，最大対数尤度と平均対数尤度の差の相関係数を計算すると，0.8 や 0.9 くらいになる．

空間点過程モデルの第1歩 ：非定常ポアソン過程

第2章で定義を与えた定常ポアソン過程は，一定の密度でランダムに点を配置させる．しかし，実際の森の中の木の密度は，広い森全体で一定ではなく，環境条件などによって違っているはずである．この章では，そんな点配置に関する最も基本的なモデルを紹介する．並行して，点配置に関するモデルの難しいところと，それが応用されたときに得られる知見の妙味も感じとってほしい．

5.1 場所によって密度が異なっている点配置

例えば植物の位置のデータを扱う場合，どこがどういう環境だからこの種が多いといった，ある植物の生息と様々な環境条件の関係性は知りたい課題である．実際，植生調査の多くで，植物の位置に加え，標高，傾斜角度，水分含有量，あるいは市街地や国道までの距離，森林と農地の境界までの距離等々，多様な環境データも計測している．鳥の巣の空間位置データにしろ，はたまたコンビニやハンバーガー店の位置なども，どういう場所（環境条件）の所に多くどういう所には少ないか（出店しても利益を見込めないか），知りたいところである，

環境条件と点配置を調べるための最初のとっかかりになるのはどんな統計モデルだろう．

第1，2章で扱ったように，ある密度のランダムな点配置（定常ポアソン過程）は最も単純な点配置のモデルだった．その次に単純なモデルは，密度が場所によって異なっているというものであろう．例えば，一辺100の正方形を4つのブロックに分け，それぞれ密度を2, 4, 6, 8のランダムな点配置とするだけで，場所によって密度

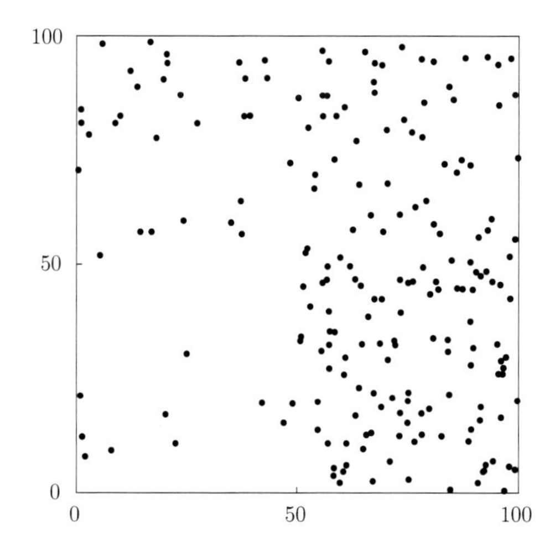

図 5.1　場所によって密度の異なる点配置の最も単純な例．4 つの小正方形ごとに平均密度が異なっている．

の異なる点配置は実現される（図 5.1）[1]．

もっと細かく $100 \times 100 = 10000$ 個の一辺 1 の小正方形に分けることで，密度が連続的に変化するように見える点配置も作ることができる．例えば x 軸に沿って増加する $r(x, y) = 0.001x$ という 1 次関数で密度を与えると，左端の $x = 0$ 付近では密度はほぼ 0，右に進むにつれて増加し，右端の $x = 100$ 付近では 0.1 となる．小正方形の面積は 1 だから，そこでの密度が r が小さいなら，確率 r で 1 個，確率 $1 - r$ で 0 個の点が配置される[2]．小正方形が小さく，その中で密度の関数 $r(x, y)$ があまり変化しないなら，その中では小正方形の重心における $r(x, y)$ の値で一定と考えても，目的が関数 $r(x, y)$ と同じように密度が変化する点配置を作ることにおいては，ほとんど問題にならない．そこで，1.4 節（図 1.7）のときと同じように，0 と 1 の間の一様乱数を生成し，それが重心での $r(x, y)$ の値より小さければ点を小正方形の中にランダムに置き，そうでなければ空白にする．そうすると，図 5.2a のように密度が連続的に右へ向かって増加する点配置が実現される．

さらに y 軸にも依存させて $r(x, y) = (-0.00002(x-40)^2 + 0.05) \cdot 0.04y$ とすると，x 方向では 40 あたりが最も密度が濃く，y 軸に沿って上に行くほど密度が濃くなるような点配置も作ることができる（図 5.2b）．

[1] もっとも，これはそれぞれを見たら定常ポアソン過程でしかない．

[2] 1.4 節の注参照．

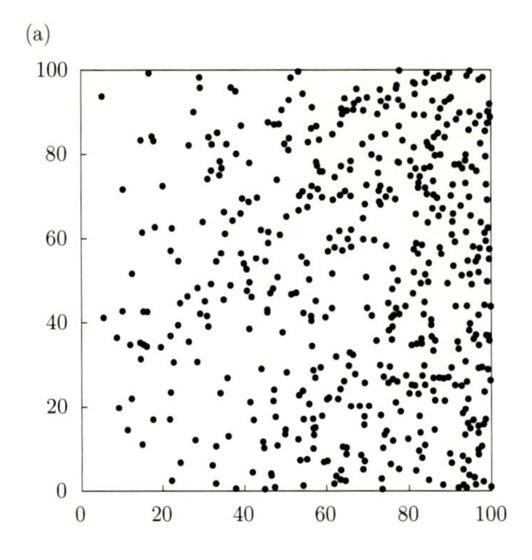

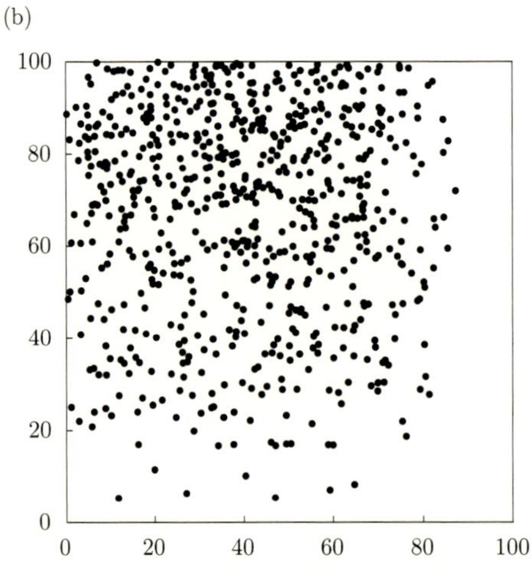

図 5.2 密度が徐々に変化する点配置の例.

ただ，小正方形に分割しても，密度の変動が激しいところがあると，重心における値で一定とできないはずである．また，非常に高密度な所があると，小さな正方形に分けても，ひとつの小正方形の中に 2 個以上の点を配置させる必要が生じるかもしれない．

もっとも，これらの問題は，分割を細かくし，小正方形の面積を小さくすれば軽減される．より本質的な問題は，これは点配置の生成法でしかないので，実際のデータへの適用が見えてこないところにある．すなわち，点配置データが与えられたとき，様々な環境要因に依存する密度の関数のモデルを作り，その中のパラメータの値を第2，3章のように最尤推定し，ある環境要因を入れたモデルと入れないモデルをAICで相対評価し，どの要因がその植物の生息に影響しているか等々を検証していきたい．それには，統計モデルを作り，その尤度関数を導く必要がある．

そこで，以下ではまず，小正方形へ分割することなく点配置を作成する方法[3]を考える（5.3節）．それはモデルとして数学的に定式化されるべきだが，そこに伴う難しさを知った上で（5.4節），本書ではほどよく妥協することにする．それから応用で鍵となる尤度関数を導出し（5.5節），5.6節から森林樹木のデータへの応用に進む．

[3] シミュレーションによる生成法と言ってもよい．

以下では，平面上の地点は，ベクトルにして$\mathbf{x}$で表すことにする．

5.2 密度が変化しているとき全体で何個の点があるか

冒頭からくりかえし出てきたように，点配置の問題は一般に2段階からなる．まず点の個数を決め，次にその位置を決める．

平面上の領域Sの中で変動する密度を表す関数を$r(\mathbf{x})(\mathbf{x} \in S)$とする．このとき，$S$全体でいくつの点が配置されるべきだろう．ある場所での点の有無はあくまで確率的に決まるので，第1章（定常ポアソン過程）同様，これはある決まった数ではなく，変動する．かつ，1個になる確率がいくつ，2個になる確率がいくつ，0である確率はいくつ，というふうに，個数に確率が付随するべきで，つまり点の個数は確率変数である．だから，点の個数と，その個数になる確率という対応を決める確率分布が必要となる．

小正方形に分割してそれぞれを定常ポアソン過程とした上のやり方の場合（図5.2），各小正方形の中に入っている点の個数は確率変数だった．その確率分布は，小正方形iが十分小さいとし，その重心$\mathbf{x}_i$での密度の関数の値$r(\mathbf{x}_i)$と小正方形の面積Dをかけた値$r(\mathbf{x}_i)D$を強度とするポアソン分布[4]に従うとした．したがって，領域全体での個数はそれらの和で，それも当然，確率的に変動する．それぞれの小正方形で何個になるかの確率がわかっているのだから，全体である個数になる確率も計算できる．たとえば小正方形が4個の場合（$i=1,\ldots,4$），全体で1個となるのは，いずれかで1個で残りはすべて0個の場合だ

[4] 正方形が十分小さければ，実際のところ確率$1-r(\mathbf{x})D$で0，$r(\mathbf{x})D$で1個で，2個以上はほぼ起こらない．

から，その確率は $\sum_{i=1}^{4} r(\mathbf{x}_i)D\prod_{j=1,\ldots,4,j\neq i}(1-r(\mathbf{x}_j)D)$ となる．

ただ，小正方形の数が増えると，この計算は恐ろしく複雑になっていく[5]．そんなとき，ポアソン分布の再生性という性質を使うと，ややこしい計算をせずに全体での個数と確率の対応（確率分布）にたどり着ける[6]．

[5] 小正方形で 2 個以上の点が発生する場合も考慮すると，さらにややこしくなる．

[6] 数学の定理はしばしば余分な計算労働から人間を解放してくれるありがたいものなのだが，それを感じさせてくれる場面は案外と少ない．いや，そういう場面には頻繁に遭っているのに，それを認識できていない，というべきか．

ポアソン分布の再生性 (reproductivity)

確率変数 X_1 が強度 λ_1 のポアソン分布に従い確率変数 X_2 が強度 λ_2 のポアソン分布に従っており，X_1 と X_2 は互いに独立とする．そのとき，その和 X_1+X_2 という確率変数は，強度 $\lambda_1+\lambda_2$ のポアソン分布に従う．

ポアソン分布の再生性の証明は決して難しくなく，統計学の入門書の多くに出ている[7]．本書では，シミュレーションで確かめることで納得しておく．

[7] 証明は文献 [1] の §4, [2] の第 5 章などにある．

図 5.3 では，列 B に強度 3 のポアソン乱数を入れ，列 C に強度 5 のポアソン乱数を入れている．列 D でその和をとり，右の列 G で，和としてどんな整数が作られたか，数えている．その横の列 H で，強度 $3+5=8$ のポアソン分布の確率分布の値に乱数の数 (1000 個) を乗じたものを並べた．図の中のグラフからわかるように，両者はほぼ同じ分布を示している．

これは 3 つ以上の場合に拡張される[8]．

[8] 数学的帰納法で証明できる．

ポアソン分布の再生性

確率変数 X_i が強度 λ_i のポアソン分布に従っており $(i=1,2,\ldots,I)$, かつ，それらはすべて互いに独立なとき，その和 $\sum_{i=1}^{I} X_i$ という確率変数は，強度 $\sum_{i=1}^{I}\lambda_i$ のポアソン分布に従う．

したがって，全部で I 個あるそれぞれの小正方形の重心を $\mathbf{x}_i$ とし，小正方形の面積を，それらが十分小さいことを意識して D でなく $\Delta\mathbf{x}$ と書くことにすると，各小正方形内の点の個数が互いに独立に強度 $r(\mathbf{x}_i)\Delta\mathbf{x}$ のポアソン分布に従っているなら，領域 S 全体における点の個数は，これらの和，

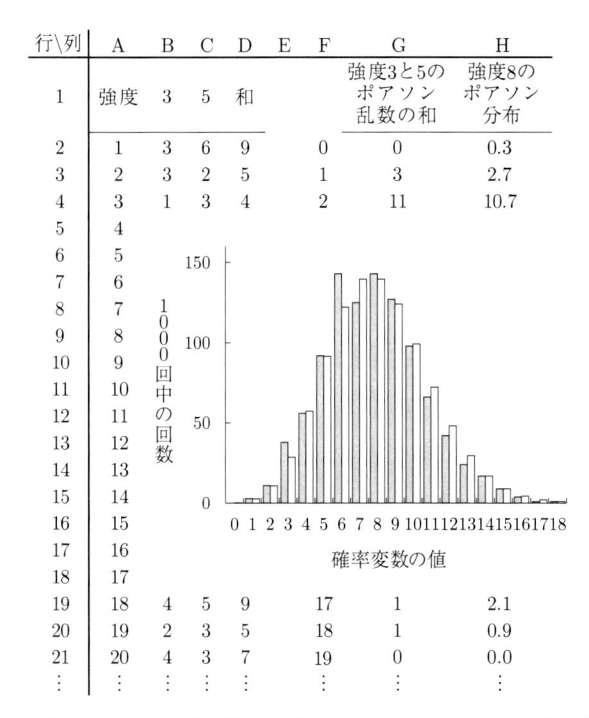

行\列	A	B	C	D	E	F	G	H
1	強度	3	5	和			強度3と5のポアソン乱数の和	強度8のポアソン分布
2	1	3	6	9		0	0	0.3
3	2	3	2	5		1	3	2.7
4	3	1	3	4		2	11	10.7
5	4							
6	5							
7	6							
8	7							
9	8							
10	9							
11	10							
12	11							
13	12							
14	13							
15	14							
16	15							
17	16							
18	17							
19	18	4	5	9		17	1	2.1
20	19	2	3	5		18	1	0.9
21	20	4	3	7		19	0	0.0
⋮	⋮	⋮	⋮	⋮		⋮	⋮	⋮

図 5.3 ポアソン分布の再生性を納得するためのエクセルシートの例．強度 3 のポアソン乱数 1000 個を列 B，強度 5 のポアソン乱数 1000 個を列 C に入れる．
セル D2: =B2+C2． G2: =COUNTIF($D$2:$D$1001,F2)．
H2: =POISSON(F2,$B$1+$C$1,FALSE)∗1000．

$$\sum_i r(\mathbf{x}_i)\Delta\mathbf{x}$$

を強度とするポアソン分布に従う確率変数となる．

5.3 非定常ポアソン過程

前節では小正方形の中で密度の関数は一定としたが，実際は一定ではない．小正方形は小さければ小さいほどその中での密度の関数の変化は小さくなるから，一定という仮定に近くなる．そこで，小正方形をどんどん細かくしていく．そして，数学の世界でしばしば見られる，「無限に細かくする」という操作を行う．無限に小さい面積のものの無限個の和は，数学では積分で表される．

$$\sum_i r(\mathbf{x}_i)\Delta\mathbf{x} \to \int_S r(\mathbf{x})d\mathbf{x} \tag{5.1}$$

言い換えると，密度が連続的に変化する場合，ポアソン分布の再生性と無限に小さなものの無限個の和は積分で表されるという数学を使えば，領域 S の中に配置される点の個数は，密度の関数 $r(\mathbf{x})$ を S 上で積分した値 $\int_S r(\mathbf{x})d\mathbf{x}$ を強度とするポアソン分布に従う確率変数となる．

こうして，領域 S 全体で何個の点を配置するかという，点配置作成における最初の段階を克服できた．

本書の冒頭に挙げたランダムな点配置では，1 点 1 点の座標は一様乱数で与えればよく，むしろ何個の点を配置するかの数理のほうが難しかった．密度が変動する場合も同様だが，点の個数が決まっても，次のステップとして密度の関数に比例するように点を配置しないといけない．その最も単純な方法は，まず一様乱数で地点の座標を与え，そこにおける密度の関数の値が高ければ高い確率でそこに点を置くが，低ければ低い確率でしか置かないという方法である．

最初に，密度の関数 $r(\mathbf{x})$ の S の中での最大値を求め，r_S とする．領域 S 上に，一様乱数で座標を与えた地点 $\mathbf{y}$ をひとつ用意する．$\frac{r(\mathbf{y})}{r_S}$ は 0 と 1 の間の数で，かつ，密度の関数の値に比例しているから，その地点に点がある確率に比例する．そこで，別に 0 と 1 の間の一様乱数を用意し，それが $\frac{r(\mathbf{y})}{r_S}$ より小さければそういう地点は採用し（点を置く），そうでなければ棄却する（点を置かない）．この操作を，採用された地点の個数が最初に決めた全体での点の個数になるまで続ける．直観的には，これで密度の関数 $r(\mathbf{y})$ に比例したランダムな点配置が作られることは納得できるだろう．

この点配置作成作業は，植物を思い浮かべるとわかりやすい．最初にある密度で一様にランダムに散布されていた種子が，確率 $\frac{r(\mathbf{y})}{r_S}$ で発芽・定着・生残し，残りは死んだとする．上の方法における棄却は，死ぬ個体を（ランダムに）選ぶ操作（個体の除去，thinning）に相当する．

このような点配置の作成法を**非定常ポアソン過程** (inhomogeneous Poisson process) [9] という[10]．密度の関数 $r(x)$ のことを，**強度関数** (intensity function) [11] という．

[9] 作成法を与えただけではモデルを定義したことにはならない．すぐ後の 5.4 節で補足する．

[10] 平面上の領域でなく，第 1 章のように時間に沿ったイベントがある時間の関数 $r(t)$ に比例して起こるなら，それも非定常ポアソン過程という．本書では，平面上の非定常ポアソン過程しか扱わない．

[11] 強度関数は，そこに単位面積 1 がかけられていると思うと，地点 $\mathbf{x}$ における密度と解釈できる．もちろん単位面積内でも強度関数の値は変化するから厳密には正しくない．

非定常ポアソン過程の実現（点配置）の作成法 1

領域 S において $r(\mathbf{x})$ を強度関数とする非定常ポアソン過程は，まず点の個数を強度 $\int_S r(\mathbf{x})d\mathbf{x}$ のポアソン分布に従う確率変数で決め，それからその数の点を，まずランダムに地点 $\mathbf{y}$ を定め，次にその地点 $\mathbf{y}$ に点を置くかどうか，$\frac{r(\mathbf{y})}{r_S}$ と一様乱数の値を比較して決め，必要な個数に達するまで続ける．

非定常ポアソン過程の特徴は，互いの点の有無が全く独立に決まり，近くに点が既にあるからここに点を置くのはやめようとか，このあたりに少なくて寂しいから 1 点入れてあげよう，といった思惑が一切入らないところにある．作成法 1 では，最初にランダム（つまり独立）な点配置から始め，棄却するしないは強度関数の大小（どんな一様乱数が生成されるか）だけで決まるから，こうした思惑が介入していないことを納得できるだろう．

作成法 1 では，先にポアソン分布を用いて点の個数を指定したため，指定した個数の点が棄却されずに残るまで計算を続けないといけない．与えられた強度関数に対して，いったい何回くらい棄却したり残したりしたら指定数に達するのか，予測し難いものがある．

最初に十分多く生成しておき，そこから選ぶ（不要な点を棄却する）という生成法も知られている．

非定常ポアソン過程の実現（点配置）の作成法 2

1. 強度関数 $r(\mathbf{x})$ の S の中での最大値を求め，r_S とする．
2. 領域 S の面積を A として強度 $r_S A$ のポアソン分布の乱数をひとつとり，N とする．
3. S の中に一様乱数で N 個の点配置 $(\mathbf{x}_1, \ldots, \mathbf{x}_N)$ を作る[12]．
4. 0 と 1 の間の一様乱数を N 個生成する．
5. $r(\mathbf{x}_i)/r_S$ $(i = 1, \ldots, N)$ を計算する．
6. $r(\mathbf{x}_i)/r_S$ が i 番目の一様乱数より大きければ地点 $\mathbf{x}_i$ は残し，小さければ棄却する．
7. 残った地点に点を置けば，強度関数 $r(\mathbf{x})$ の非定常ポアソン過程の一つの実現になっている．

[12] 2 と 3 で強度 $r_s A$ の定常ポアソン過程のひとつの実現を生成している（0.2 節参照）．

やっていることは作成法 1 とほとんど同じで，特に強度関数に比例した確率で棄却するしないを決める部分は同じである．違いは，やはり最初の点の数を決める部分にある．作成法1のほうが，最初にポアソン乱数を作って点の数を決めていたので，直観的に納得しやすいかもしれない．作成法2には，ステップ2のように決めた個数から始めてステップ4–6のように棄却すると，残った点の個数は，式 (5.1) を強度とするポアソン分布に従って変動するという数学の命題が含まれている[13]．

納得はできても，数学としてもう少し（証明の概略でいいから）説明が欲しいと思う人もいるだろう．ところが，その証明の「大雑把な概略を口走る」ことが，実は容易でない．

13) 申し訳ないが，本書にこの命題の証明は書いていない．次の5.4節でその理由（言い訳）を述べる．

5.4 点過程モデルが難しい理由

非定常ポアソン過程の2つの作成法が同値であるという証明の，証明自体に長い数式があるわけではない．では何がどう難しいのだろう．

一般に，平面上の領域に確率的に点配置を作成するモデルを**空間点過程** (spatial point process) という[14]．前節で出てきた非定常ポアソン過程はこの例である．第1章で扱った時間に沿った確率的な変動を伴うイベントを発生させるモデルと合わせて，点過程 (point process) [15] という．

空間点過程というモデルを今一度振り返ってみる[16]．

定常ポアソン過程でも非定常ポアソン過程でも，点の数を決める作業と，点の位置を決める作業の2段階あったことを思い出してほしい．第2章で述べたように，確率分布には，ポアソン分布のような離散型と，一様分布や正規分布のような連続型がある．点過程では，両者が混ざっている．

確率的に実現されるものは，1, 2, 3 のような離散的な数値でなく，かといって連続的な数値でもない．100個の点配置とか，50個の点配置とか，点配置である．座標は連続的だが，その個数は離散型確率分布に従って変動する．

ここで，一般にデータ解析で統計モデルと呼んでいるものが何なのか．今一度第2，3章に戻って思い出してほしい．

統計モデルでは，観察値を何らかの確率分布に従う確率変数と考えて数学として定式化する．第3章のポアソン回帰モデルでは，説

14) もちろんこれは数学の定義になっていない．その難しさを感じ取ることが5.4節の目標である．

15) 一般には，ひとたびイベントが起こったら続けざまに起こるとか，逆にしばらく起こりにくいなど，ランダムでない発生をさせる．

16) 以下，時間に沿う点過程でも同じことが言える．

明変数 x が決められたとき，カウント数 y は強度 e^{ax+b} のポアソン分布に従って変動し，観察値は，そのポアソン分布のランダムな実現と考える．

では，領域 S 上の空間点過程では，データはどんな確率分布の実現と考えているのだろう．

データとして与えられるのは点配置[17] である．だから，1 個 1 個の点の座標ではなく，ある個数の点配置自体を確率変数の実現とみなすことになる．したがって，n 個の点配置で 1 サンプルである．データに n 個の点があるとサンプル数は n と思いがちだが，これは誤りである．そして，点過程モデルに必要な確率分布は，点配置と確率を対応させるものでないといけない．点配置には，点が 1 個もないという点配置（空集合）も含めて，その全部は，

17) 一般には領域 S 全体ではなく調査した範囲 ($W \subset S$) の中の点配置．また，理論上，S は全平面 $\mathbf{R}^2$ で考える場合が多い．

$$\{\emptyset\} \sqcup \{1\text{点からなる点配置}\} \sqcup \{2\text{点からなる点配置}\} \sqcup \{3\text{点からなる点配置}\} \sqcup \cdots \tag{5.2}$$

と書ける．ひとつの点配置には，各点の座標という連続型確率変数と，点の個数という離散型確率変数が混在している．そして，空間点過程という統計モデルでは，このすべての点配置に対して確率[18] が与えられ，確率分布は式 (5.2) という点配置全部からなる集合上のものを用いる．

18) ただし，座標は連続的に無限個を動くので，特定の点配置に付随する確率は 0 になってしまう．「ある範囲に n 個入っている点配置たち」のような集合に確率を付随させていくのだが，数学として正確に定義するとなると，はなはだ厄介になる様子を想像できるだろうか．文献 [12] に正確な記述がある．

このような難点をかかえるため．本書では非定常ポアソン過程の数学としての定義は書かず，5.3 節のように点配置の作成法を与えるだけにした次第である．

さて，5.3 節のように，2 つの非定常ポアソン過程の実現アルゴリズムが与えられたとき，それらが同じモデルかどうかは，原理的には，どの点配置（の集合）にも同じ確率が対応していることを示さないといけないことになる．2 つが同じ非定常ポアソン過程の実現を与えることを厳密に証明するという作業がなぜ難しいか，なんとなく想像できることだろう．

ところが，数学のすごいところは，こんな気の遠くなるような問題も，定理を体系的に並べることで，うまく証明されてしまうところにある．例えば，「領域 S 上の 2 つの点過程モデルが同じであるためには，S の中の任意の領域 $T \subset S$ に対して，T の中に点がない確率が一致することが必要かつ十分である」という定理が証明されている[19]．強度 r の定常ポアソン過程の場合，面積が B の任意の

19) 文献 [12] を参照．

領域における点の数は強度 rB のポアソン分布に従うから，それが 0 である確率は e^{-rB} である．すると，「任意の領域 T に対し，その面積を B とするとき，その中の点の個数が 0 である確率は e^{-rB} である」ことを示せば，それで自動的にその点過程モデルが定常ポアソン過程であることが証明されてしまうのである．

点過程は，5.5 節以下のように実データに対する適用で広範な応用を期待できると同時に，その背後にある数学においても，難解で未解決な点を含む．だからこそ，理論と応用，両方の統計研究者を惹きつけるのである．

5.5　非定常ポアソン過程の尤度関数

ある調査区 W において実際の点配置のデータ $(\mathbf{x}_1, \ldots, \mathbf{x}_n)$ があったとき $(\mathbf{x}_i \in W, i = 1, \ldots, n)$，強度関数 $r(\mathbf{x})$ を最尤法で推定するには，まず尤度関数を求める必要がある．尤度は，W の中に n 個の点がある確率と，その n 個が $\mathbf{x}_1$ から $\mathbf{x}_n$ にある確率密度をかけたものになる．

最初の，調査した範囲 W に n 個の点がある確率は，点の個数が強度 $\int_W r(\mathbf{x})d\mathbf{x}$ のポアソン分布に従うから，式 (1.6) の λ にこの積分を代入した，

$$\frac{e^{-\int_W r(\mathbf{x})d\mathbf{x}}(\int_W r(\mathbf{x})d\mathbf{x})^n}{n!} \tag{5.3}$$

である．

次の，最初の点が $\mathbf{x}_1$ にある確率密度は強度関数の値 $r(\mathbf{x_1})$ に比例するが，強度関数自体は確率密度関数ではない[20]．しかし，この積分値で割った，

$$\frac{r(\mathbf{x})}{\int_W r(\mathbf{y})d\mathbf{y}}$$

なら W で積分すると 1 になるため，強度関数に比例し，かつ W 上の確率密度関数となっている．したがって，最初の点が $\mathbf{x}_1$ にある確率密度は，

$$\frac{r(\mathbf{x}_1)}{\int_W r(\mathbf{y})d\mathbf{y}}$$

となる．同じように，2 番目の点が $\mathbf{x}_2$ にある確率密度は，

[20] $r(\mathbf{x})$ を W で積分した $\int_W r(\mathbf{x})d\mathbf{x}$ は，W に入る点の個数を与えるポアソン分布の強度であり（2.7 節で示したように，それは期待値でもある），1 になるわけではない．

$$\frac{r(\mathbf{x}_2)}{\int_W r(\mathbf{y})d\mathbf{y}}$$

である．以下同様で，n 番目の点が $\mathbf{x}_n$ にある確率密度は，

$$\frac{r(\mathbf{x}_n)}{\int_W r(\mathbf{y})d\mathbf{y}}$$

である．非定常ポアソン過程では，これらは独立だから，$(\mathbf{x}_1, \ldots, \mathbf{x}_n)$ に点がある確率密度は，これらの積，

$$\prod_{i=1}^{n} \frac{r(\mathbf{x}_i)}{\int_W r(\mathbf{x})d\mathbf{x}} \tag{5.4}$$

となりそうである[21)]．

ただ，データは n 個の点配置として与えられるので，1 番目の点が $\mathbf{x}_1$ にある必要はない．$\mathbf{x}_2$ にあってもいいし，$\mathbf{x}_n$ にあってもいい．2 番目の点は，1 番目の点が置かれたところ以外の $n-1$ 個ならどの地点でもかまわない．順番を入れ替えても，結局，いずれかの点がいずれかの $\mathbf{x}_i$ に置かれるので，同じ式になる．その並べ方は，$n \cdot (n-1) \cdot (n-2) \cdots 1 = n!$ 通りあるので，W にある n 個の点が $(\mathbf{x}_1, \ldots, \mathbf{x}_n)$ にある確率密度は，

$$n! \cdot \prod_{i=1}^{n} \frac{r(\mathbf{x}_i)}{\int_W r(\mathbf{x})d\mathbf{x}}$$

が正しい．なお，点の個数が 0 の場合，尤度は点の個数が 0 である確率だけで十分になるので，$n=0$ のとき，この式は 1 であると決めておく．

点が n 個である確率 (5.3) とかけることで，W に n 個の点がありそれらが $(\mathbf{x}_1, \ldots, \mathbf{x}_n)$ にあるというデータに対する $r(\mathbf{x})$ を強度関数とする非定常ポアソン過程の尤度は，

$$\frac{e^{-\int_W r(\mathbf{x})d\mathbf{x}}(\int_W r(\mathbf{x})d\mathbf{x})^n}{n!} \cdot n! \cdot \prod_{i=1}^{n} \frac{r(\mathbf{x}_i)}{\int_W r(\mathbf{x})d\mathbf{x}} = e^{-\int_W r(\mathbf{x})d\mathbf{x}} \prod_{i=1}^{n} r(\mathbf{x}_i) \tag{5.5}$$

となる．

対数尤度は，この対数をとった，

$$-\int_W r(\mathbf{x})d\mathbf{x} + \sum_{i=1}^{n} \ln(r(\mathbf{x}_i)) \tag{5.6}$$

21) これがポアソン過程以外の点過程ではこうはいかない．点同士に相互作用があり 1 番目の点の後で 2 番目の点の位置が決まったのなら，2 番目の点が $\mathbf{x}_2$ にある確率は $\mathbf{x}_1$ に点があった元での条件付確率の類を考える必要がある．1 番目と 2 番目の点が相互作用を経て同時に決まるなら，$\mathbf{x}_1$ と $\mathbf{x}_2$ に点がある同時分布を考える必要がある．点過程の難しさをここでも想像してほしい．

となる.

5.6　木の配置と環境要因

尤度関数と対数尤度関数を (5.5) や (5.6) のように導けたので，実際の樹木の位置のデータに非定常ポアソン過程を適用し，木の配置と環境の関係性について調べてみる.

図 5.4 は，沖縄本島のヤンバルと呼ばれる山地に設けた 40 m×66 m の調査区[22] における，クロヘゴという木性シダ[23] と，スダジイという樹木の位置の図である．ぱっと見た印象で，スダジイとクロヘゴは分かれて住んでいるように見える．クロヘゴの多い所にスダジ

22) この調査区の森林については論文 [18] などで紹介されている.

23) 恐竜が出てくる映画によく見られる巨大シダのイメージに近い.

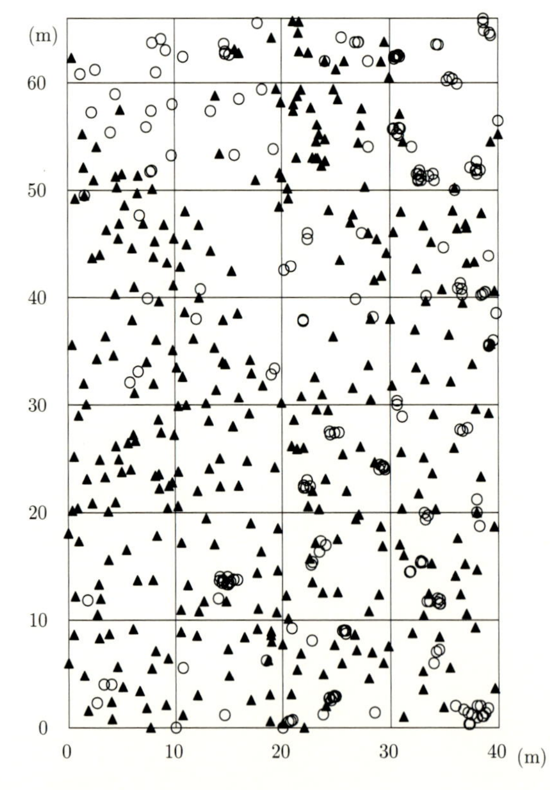

図 5.4　沖縄ヤンバルの森の調査区におけるクロヘゴ (▲) とスダジイ (○) の空間分布.

イはあまりない．

クロヘゴは，沢沿いのジメジメしたあたりに多く，乾燥した尾根沿いには少ない．詳細な地形や水分含有量のデータをとれば，クロヘゴやいろいろな樹種について，そうした環境要因が与える影響について，非定常ポアソン過程モデルを適用することで検証できるはずである．すなわち，地点 $\mathbf{x}$ における M 個の環境要因の数値を $(f_1(\mathbf{x}), \ldots, f_M(\mathbf{x}))$ とし，強度関数 $r(\mathbf{x})$ を，未知パラメータも使ってこれらの何らかの関数で表す．実際の木の位置データ $(\mathbf{x}_1, \ldots, \mathbf{x}_n)$ に対し式 (5.6) と書ける対数尤度関数が最大となる未知パラメータ値を求め，最大対数尤度と AIC を計算する．さらに，特定の環境要因を含まない強度関数の非定常ポアソン過程も用意し，同じように AIC を求める．その中で AIC が最小のモデルを選ぶ．そのモデルの強度関数に含まれている環境因子は，その樹種の生息に影響を与えていると考えられるし，含まれていない因子は関係していないと解釈する．

強度関数の形は，何らかの根拠があって適切な数式がある場合，それを用いればよい．それがなく，そもそもその環境因子が植物の分布に何らかの影響を与えていそうかどうかを知りたい場合や，単にある環境条件の下でのその植物の密度を予測したいときなどでは，最も単純な 1 次関数，

$$r(\mathbf{x}; a_0, \cdots, a_M) = a_0 + \sum_{m=1}^{M} a_m f_m(\mathbf{x})$$

から始めるのが無難である．$(a_0, \cdots, a_M)$ は，未知パラメータである．

ただ，非定常ポアソン過程の強度関数（植物の分布密度）を表す数式として，これは必ずしも適切ではない．第 3 章のときと同様，強度関数は，正であってほしい．そこで，指数関数を用いて，

$$r(\mathbf{x}; a_0, \cdots, a_M) = \exp(a_0 + \sum_{m=1}^{M} a_m f_m(\mathbf{x})) \tag{5.7}$$

とするのが一般的である．なお，1 以上のすべての i について $a_i = 0$ とするモデルでは強度関数は定数 e^{a_0} となり，定常ポアソン過程である．

生息に影響しそうな環境因子を大量に測定することは決して容易

でない．とりわけこのヤンバルでは，地形は 1m 単位で細かく変動する．様々な環境因子の詳細な測量は相当に難しい．そこで，ここでは逆に，クロヘゴを環境バロメータとして使うことにする．つまり，クロヘゴが沢沿いに多いことは明らかなので，クロヘゴ密度という環境因子でもって，他の樹種の分布を非定常ポアソン過程で説明しようというのである．

クロヘゴの密度は，単純には，調査区を小正方形区に分け，各小正方形区の中にあるクロヘゴを数えればよい．ただ，このやりかたでは，小正方形の大きさの決め方に悩まされる．細かな地形変化を考慮すると小さくしたいが，そうするとほとんどの小正方形はクロヘゴが 1 本あるかないかになり，数値は 0 と 1 の間を細かく振動する．かと言って，小正方形を大きくとると，細かな変動を見逃してしまう．仮にほどよい大きさの小正方形をみつけられたとしても，ぎりぎり別の区画にいたクロヘゴやぎりぎり同じ区画に入った 1 本のせいで，密度は小さくなったり大きくなったりする．

こうしたとき，2 次元カーネル関数 (kernel function) と呼ばれるもので平滑化 (smoothing) するとよい．カーネル関数にはいくつかあるが，よく用いられるのは原点を中心とする 2 次元の正規分布の密度関数，

$$f(\mathbf{x};\sigma^2) = \frac{e^{-\frac{||\mathbf{x}||^2}{2\sigma^2}}}{2\pi\sigma^2}$$

である．ここで，$||\mathbf{x}||$ は 2 次元ベクトル $\mathbf{x}$ の大きさを表す．これを用いて，調査区 W 内に N 本のクロヘゴが $(\mathbf{x}_1,\ldots,\mathbf{x}_N)$ にあったとき，地点 $\mathbf{x}$ におけるクロヘゴの密度を，

$$k(\mathbf{x}) = \frac{\sum_{i=1}^{N} f(\mathbf{x}-\mathbf{x}_i;\sigma^2)}{f_{out}(\mathbf{x})} \tag{5.8}$$

と推定する．ここで，$f_{out}(\mathbf{x}) = \int_W f(\mathbf{y}-\mathbf{x};\sigma^2)d\mathbf{y}$ である．

要するに，地点 $\mathbf{x}$ に近い $\mathbf{x}_i$ にあるクロヘゴには大きな値を与え，遠いクロヘゴには距離に応じて徐々に小さい値を与えて加えるのである．2 次元正規分布の分散 σ^2 を大きくすると遠くのクロヘゴまで数えるため，調査区全体をならしたような推定密度が得られ，逆に小さくすると細かな地形の変化に応じた密度推定ができる．分母はエッジ補正 (edge correction) と呼ばれ，$\mathbf{x}$ が調査区 W の境界に近いとき，調査区の中の $\mathbf{x}_i$ だけ加えたのでは過小評価になることを

補正するためである．$\mathbf{x}$ が調査区の真ん中なら $f_{out}(\mathbf{x})$ はほぼ 1 になるが，境界近くならほぼ 0.5 で，内側で数えた本数を約 2 倍に水増しして推定する．$\mathbf{x}$ が長方形の調査区の 4 隅付近ならほぼ 0.25 で，約 4 倍に水増しする[24)]．

24) この補正法では，外側はそのすぐ内側と同じような状況にあると仮定している．

カーネル関数の中の分散 σ^2 はどのくらいが最適かというと，これもいくつかの最適な決め方が提案されている．本書ではそれを主題としていないので，ここでは現地における地形の変動を念頭に，$\sigma = 2\,\mathrm{m}$ を用いる．

図 5.5 はこの関数で平滑化したクロヘゴの密度図に，3 種の樹木の配置を重ねたものである．(a) のスダジイはクロヘゴの密度の薄い所に多いように見える．(b) のショウベンノキでは，逆にクロヘゴの密度の高い所に多いように見える．(c) のヤンバルマユミは，特にそうした傾向はないように思える．

強度関数をこの環境要因の関数で表すのは，式 (5.7) を用いて，

$$r(\mathbf{x}) = \exp(a_0 + a_1 k(\mathbf{x})) \tag{5.9}$$

とする．この強度関数を (5.6) に代入すると，対数尤度関数は a_0 と a_1 を変数とする，

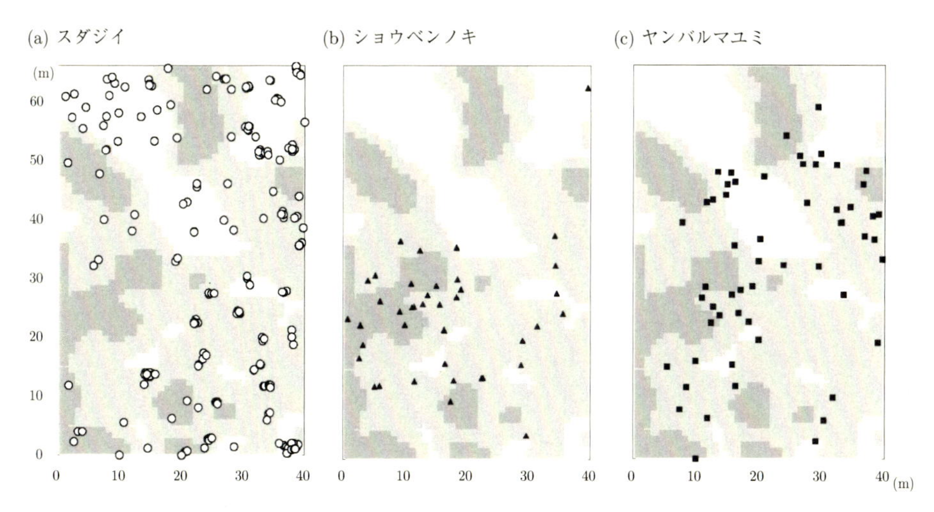

図 5.5 カーネル関数による平滑化で求めたクロヘゴの密度図に (a) スダジイ（図 5.4 と同じ），(b) ショウベンノキ，(c) ヤンバルマユミの空間分布を重ねた図．濃い所ではクロヘゴの密度が高く（0.2 本/ m^2 以上），薄い所（白）では低い（0.1 本/ m^2 以下）．中間の灰色は 0.1–0.2 本/m^2．

$$l(a_0, a_1) = -\int_W \exp(a_0 + a_1 k(\mathbf{x}))d\mathbf{x} + \sum_{i=1}^{n}(a_0 + a_1 k(\mathbf{x_i})) \quad (5.10)$$

となる．$a_1 = 0$ とすると強度 e^{a_0} の定常ポアソン過程となり，強度の最尤推定量は第 2 章で示したように，調査区 W の面積を A とすると，通常の密度の n/A である[25]．パラメータ数は 1 である．

この 2 つのモデルを比較し，もし定常ポアソン過程の AIC の値のほうが小さければ，クロヘゴの密度はその樹種の生息に影響を与えていないと解釈する．非定常ポアソン過程が選ばれ，$a_1 > 0$ ならその樹種はクロヘゴの多い所を好んで生息すると解釈し，沢沿いの湿った環境が適していると考えられる．逆に $a_1 < 0$ なら，クロヘゴの少ない乾燥した環境が適していると考えられる．

式 (5.10) の値を最大にする a_0 と a_1 は，パソコンの計算ソフトで最大化の計算をすればいい．厄介なのは，積分の部分である．積分は，微分して積分の中の関数になる関数 (原始関数）をみつければ計算できるが，今の場合，$\mathbf{x}$ での環境因子の値 $k(\mathbf{x})$（クロヘゴの密度）は，データからカーネル関数で推定した数値として与えられている．$\mathbf{x}$ についての多項式などで書けているわけではないので，原始関数を求められない．

こうしたとき，一番単純な方法は，積分を近似計算することである．積分の近似計算にも様々な手法があるが，一番簡単なのは，リーマン和近似である．領域（調査区）を J 個の小正方形に区切り[26]，その重心を $\mathbf{u}_j (j = 1, 2, \ldots)$，小正方形の面積を E とする[27]．各小正方形内ではその重心における値の定数であるとして，積分を，

$$\int_W \exp(a_0 + a_1 k(\mathbf{x}))d\mathbf{x} \fallingdotseq \sum_{j=1}^{J} \exp(a_0 + a_1 k(\mathbf{u}_j))E \quad (5.11)$$

と近似する．

正方形は小さいほうが近似は正確になるが，計算は大変になる．小正方形をどんどん細かくし，それ以上細かくしても近似値がほとんど変化しなくなるまで細かくするのが原則だが，その実行には時間がかかる．ここでは，そのような正確な計算はやめて，まず 1 辺 1 m の小正方形，次に 50 cm の小正方形（小正方形の数は 4 倍になる）で近似し，それで結果があまり変わらないなら，1 m で妥協することにする．

[25] 直接式 (5.10) からも以下のようにして示すことができる．$l(a_0) = -\int_W e^{a_0} d\mathbf{x} + \sum_{i=1}^{n} a_0 = -Ae^{a_0} + na_0$，と変形してから微分すると，$\frac{dl}{da_0} = -Ae^{a_0} + n$，$= 0$ とおいて，$e^{a_0} = n/A$ を得る．

[26] 5.1 節，5.2 節と同じように小正方形が出てきたが，目的は積分の近似計算である．

[27] すべて同じ大きさの正方形とする．

5.7　統計モデルで見えてくる種特性

この例に限らず，パソコンで数値計算する際，準備しておきたいことのひとつが，パソコンが返してきた数値（ここでは最尤推定値）を用いるモデルが，少なくとも見た目に妥当かどうかという確認である．第2〜3章で「モデルでデータを説明できるか」確認する方法をいくつか紹介したが，それ以前に，図3.3のように，ひとまず散布図の中に回帰曲線を描き入れることで，まったく見当はずれでない様子[28]は見てとれた．空間点過程モデルでは，どのような図を描くと，最初の目安として妥当だろう．

図5.5のようなクロヘゴ密度の等高線図に各樹種の木の位置を重ねた図は，見た目にわかりやすいし空間点配置データのモデルでは必須の図である．しかし，これでは，推定した強度関数の数値がどれほど妥当か，判断できない．

今の場合，式(5.9)のように，強度関数は地点$\mathbf{x}$の関数である以前にクロヘゴ密度$k(\mathbf{x})$の関数になっている．地点は2次元ベクトルだが密度は1次元の数値なので，クロヘゴ密度をyとして横軸におけば，強度関数$r(y) = \exp(a_0 + a_1 y)$のグラフが描ける．ここに実際のクロヘゴ密度における樹木の密度を重ねたら，モデルがどのくらいデータを説明できているか，見やすい判定材料になるに違いない．

とは言っても，モデルと違って，連続的に変化するクロヘゴ密度のすべてについて実際の木の密度を計算することはできない．ここでは単純にクロヘゴ密度を6つのクラス[29]に分け，6つのクラスでの平均密度（各クラスに属する木の本数/各クラスの総面積）を求めることにする．

そこで，調査区を1辺1mの小正方形に分割し，それぞれの重心で式(5.8)による推定クロヘゴ密度を求め，その数値で各小正方形の属するクロヘゴ密度クラスを決める．各密度クラスに属する小正方形を数えれば，面積1m^{2}の小正方形だからその総数がそのクロヘゴ密度クラスの面積になる．それから，各クラスの小正方形に入っている木の数を数え，面積で割る．これを，各クロヘゴ密度クラスにおけるその樹種の密度とする．最後に，こうして得た6つの密度

[28] 極端なはなし，線が下がり気味であるとか観察値の10倍あたりを走っているとか，ではない．

[29] 0.05本/m^{2}ずつとし，一番上は0.25以上全部で1クラスとした．

を各クロヘゴ密度クラスの中央値[30] でプロットして，最尤推定値を用いた強度関数のグラフに重ねる．

図 5.6 では，図 5.5 とは異なる 3 つの樹種について，まず上に図 5.5 と同じ，クロヘゴ密度と樹木の配置を重ねた図を表示した．(a) のイスノキでは，クロヘゴ密度の低い所（白い所）ほど木が多いように見えるし，(b) のアカミズキでは，逆に黒い所（密度の濃い所）に多いように見える．ただ，(a) では黒い所にもイスノキが見られる

30) 0.025,0.075,. . . , 0.225．最後のクラスは 1.125 にした（図 5.6 は 0.3 で切ったので見えていない）．

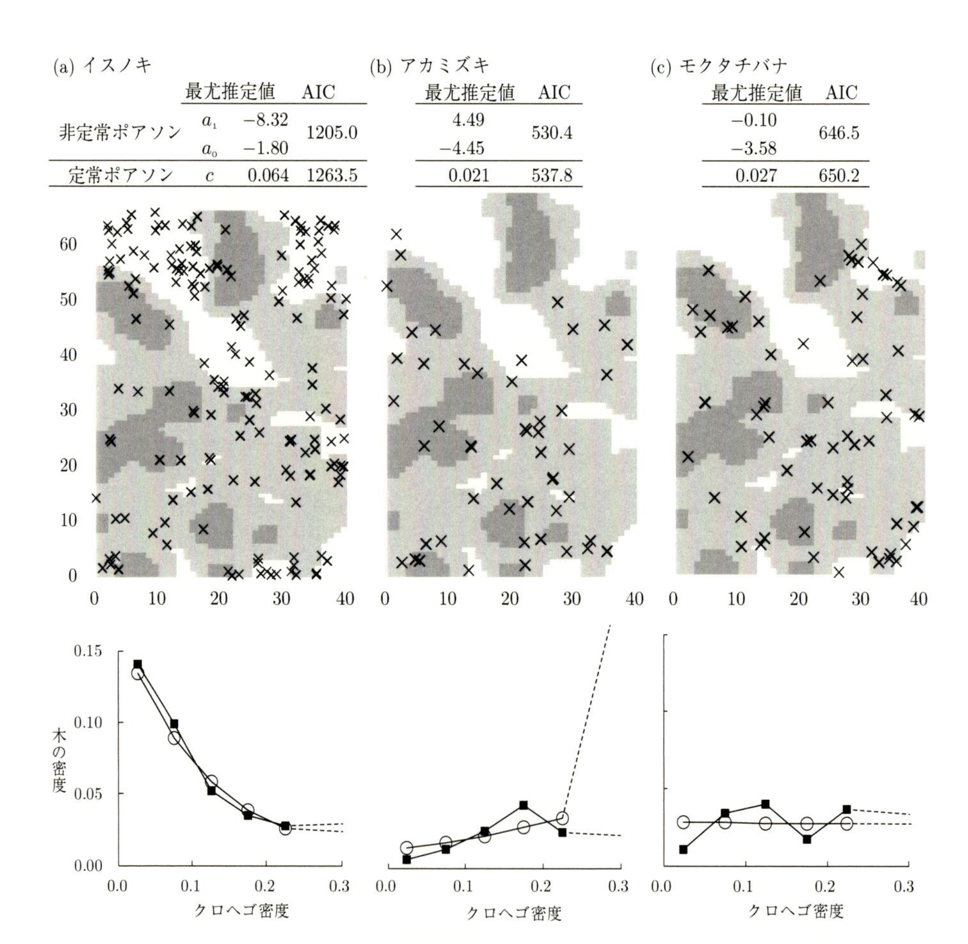

(a) イスノキ

		最尤推定値	AIC
非定常ポアソン	a_1	−8.32	1205.0
	a_0	−1.80	
定常ポアソン	c	0.064	1263.5

(b) アカミズキ

最尤推定値	AIC
4.49	530.4
−4.45	
0.021	537.8

(c) モクタチバナ

最尤推定値	AIC
−0.10	646.5
−3.58	
0.027	650.2

図 5.6 3 つの樹種に関する非定常および定常ポアソン過程の適用結果．上に最尤推定値と AIC 値を表示した．上側の図は，図 5.5 と同じクロヘゴ密度の等高線図と各樹種の空間分布を重ねたもの．下側は，クロヘゴ密度を 0.05 本/m^2 ごとに 6 つのクラスに分け（一番上は 0.25 以上を合併した），各クラスでの実際の密度と最尤推定された密度関数が予測する密度を比較した図．

し，(b) でも白い所にアカミズキの木が見られる．

図 5.6 の下側に，上記のようにして描いた最尤推定値を用いた強度関数のグラフと実際の木の密度を重ねた図を示した．(a) ではクロヘゴ密度が高くなるにつれてイスノキという樹種の密度の下がっていく様子が見てとれるし，モデルが予測する密度と実際の密度もかなり合致している．上部にパラメータの最尤推定値と AIC 値を示してある．AIC の値は，定常ポアソン過程より非定常ポアソン過程のほうが小さい．

(b) のアカミズキでは逆に，クロヘゴ密度とともに密度の増加する様子が伺える．ただし，クロヘゴ密度に沿った上昇の仕方は (a) のイスノキの下降の仕方ほど顕著でない．モデルの予測と実際の密度は，イスノキと比べるとずれているように見える．その原因は，イスノキが 168 本あるのに対しアカミズキは 55 本しかないためだろう．AIC の値を見ても，非定常ポアソンのほうが小さいとはいえ，イスノキほどの違いは見られない．

(c) はモクタチバナという樹種で，今度は推定された密度関数はほとんど一定となっている．AIC 値を見ると非定常ポアソンのほうが小さくなっているが，強度関数の中の傾き a_1 の最尤推定値は 0 に近く，この樹種の密度はクロヘゴ密度と関係しないと言いたい．

このように，統計モデルを複数作り，データに適用し，AIC でモデルを相対評価することで，樹木の種の特性を定量的に浮かび上がらせることができる．統計モデルの醍醐味である．

5.8 正解はなくてもモデルを創る

AIC の差がとても小さい場合（0.1 とか 0.01），果たして小さいほうのモデルを「良い」と判定して良いか，という問題は，古くから議論されている．第 4 章で示したように，AIC は真のモデルとの近さのデータに基づく近似値でしかなく，そこには誤差が伴う．表 4.1 や図 4.2 を見るとパラメータ数による補正では追いつかないくらい平均対数尤度と最大対数尤度が違っているときもある．3 や 5 の差は，たまたまそのデータのときの ACI 値の差であって，本当は AIC の大きいモデルのほうが真に近いのかもしれない．

どのくらいの差があれば安心して AIC の小さいモデルを選べるの

だろう？[31]

これは当然，モデルの構造（人が作ったモデルと真のモデルの両方）や，どんなデータをどれだけとったか（サンプル数）に依存する．代表的なモデルについては，シミュレーション研究などが盛んに行われている．すなわち，真のモデルで人工データを生成し，複数の統計モデル（その一つは真のモデルにする）に最尤法を実行して AIC 値を求め，何回くらい AIC が真以外のモデルで最小となるかを調べる．これで，AIC 値で評価することの危険性を見積もるのである[32]．

ただ残念ながら，空間点過程についてのそうした先行研究事例は極めて少ないので，自分でやらないといけない．すなわちまず，図 5.6 のモクタチバナやアカミズキと同じような密度の定常ポアソン過程や，最尤推定された強度関数と似たような強度関数の非定常ポアソン過程について，0.2 節および 5.3 節にある方法で人工データを作る．こうしたデータに定常と非定常の 2 つのポアソン過程モデルを適用し，パラメータの最尤推定値を求め[33]，AIC を計算する．同じ作業をくりかえし，AIC が真のモデルのほうで小さくなった割合を求める．それが十分に高ければ，図 5.6 に示した AIC によるモデル評価にそんなに大きな誤りはないと期待できる．

ただ，目的を樹木の環境特性を知ることに置くなら，こうした計算作業を優先して行うことが賢明であるとは言い難い．なぜなら，そもそもこれらの樹種がポアソン過程に従って分布している可能性は皆無である．ポアソン過程では，樹木たちは相互にいかなる作用もないとしている．しかし，現実の森では，近くにある木どうしは，互いに競合する．また，親木から種子が散布され発芽・成長して今の木があるわけだから，1 本の木があれば親を同じとする別な木（姉妹）が近くにいてもおかしくない．だから，パソコンの前に座って定常ポアソン過程と非定常ポアソン過程のどちらが優れているか入念に検討するより，こうした影響を考慮したモデルを考案したり，その検証に有効なデータを現場へとりにいくほうが，はるかに有益である．

空間位置データは古くから収集されデータ解析の対象となってきた．しかし，空間点過程という数学の下でのモデルが本格化したのは 80 年代からである．まだまだ，モデルの種類も，パラメータ推

31) 文献 [9] にはブートストラップという手法を用いる方法の解説がある．

32) こうした研究事例の初等的な解説が論文 [14] にある．

33) 真のモデルと統計モデルが同じなら，最尤推定値は真値に近い値になる．真が定常で統計モデルが非定常なら，多くの場合，a_1 は 0 に近く，e^{a_0} は真の強度に近い値になる．真が非定常で統計モデルが定常なら，密度の変化を無視した全体平均密度が強度の最尤推定値となる．

定法の種類も，悲しいほどに限られている．そんな中，現在までに考案された空間点過程やそれを少し改良した程度のモデルで，複雑な現象を説明できるはずがない．それでも，たとえ進歩がわずかであっても，空間点過程モデルを新しく創造する．正解のない世界だからこそ，正解に近づく努力を惜しんではいけない．

あとがき

ポアソン分布の起源は，ランダムなイベントや点配置である．その個数を数えると，ポアソン分布に従って変動する．ポアソン分布の肝を一言でまとめてしまうと，これだけである．その直観的ならびに経験的理解のため，本書では数式変形（いわゆる数学）に加え，シミュレーションを多用した．

今日，様々な目的でシミュレーションが活用されている．本書のシミュレーションの特徴は，その目的の大半が（統計解析でなく）学習目的である点である．本書では，随所で表計算ソフトを用いたシミュレーションを示したが，このようなシミュレーションは研究現場ではほとんど使われない．しかし，学習目的では有効である．ひとつの計算をするごとにひとつのセルを要し，すべての計算過程の結果がパソコンの画面で見える．初学者にとって，このメリットは大きい．

数学や統計の学習にパソコンが用いられるようになっている．個人的見解として，中学までの数学の授業にパソコンを多用することは勧められない．自分の手を動かし頭の中で考える学習は何よりも優先させたい．統計においても，大量のデータをパソコンで分析するより，まず手作業でデータをしっかり観る訓練を重視すべきである．

一方，高校や大学を終え，最後に受けた数学の授業から数年を経た人にとって，数学の本を読むことで統計を学習することは，困難を極める．そこでは逆に，パソコンの多用を推奨する（中間の高校や大学の教育現場については意見が分かれるところである）．そこでは，高度なプログラムを駆使する必要はなく，市販の計算ソフトによる（学習目的と開き直っての）シミュレーションと数学の本の解読との併用である．また，最初から完成されたファイルを開くのでなく，本に書いてある通りに計算式を自分のパソコンに自分の手で入力することを推奨する．すると，本と同じものを入力したはずなのに，なぜか計算がうまく行かないという事態に直面する．どこに間違いがあったか見極める中で，統計解析と計算ソフトを使いこなすための基礎が養われていく．本書には，正しく入力された表計算ソフトのファイルは付けていない．図の中にある数式の例を参考に，ぜひ自分で自分の学習目的シミュレーションを実践してほしい．そして，実際のデータ解析を進めてほしい．

　本書の原稿は，以下の方が査読してくださり（あるいはデータの提供やその説明や意義について）様々な意見と助言をもらうことができました．

小山慎介，木村暁，木村健二，田中潮，持橋大地

参考文献

和文書籍

[1] 稲垣宣生 (1990):『数理統計学』. 裳華房.

[2] 岩崎学 (2010):『カウントデータの統計解析』. 朝倉書店.

[3] 粕谷英一 (2012):『一般化線形モデル』. 共立出版.

[4] 久保拓哉 (2012):『データ解析のための統計モデリング入門』. 岩波書店.

[5] 久保川達也 (2017):『現代数理統計学の基礎』. 共立出版.

[6] 小西貞則・北川源四郎 (2004):『情報量規準』. 朝倉書店.

[7] 島谷健一郎 (2012):『フィールドデータによる統計モデリングと AIC』. 近代科学社.

[8] 島谷健一郎 (2017):『現場主義統計学のすすめ - 野外調査のデータ解析』. 近代科学社.

[9] 下平英寿 (2004):『情報量規準によるモデル選択とその信頼性評価』.「モデル選択」岩波書店の第 1 部.

[10] 東京大学教養学部統計学教室編 (1992):『自然科学の統計学』. 東京大学出版会

[11] Annette J. Dobson. (2002): An Introduction to Generalized Linear Models. Chapman & Hall/CRC. 邦訳：田中豊・森川敏彦・山中竹春・富田誠訳:『一般化線形モデル入門』. 2008, 共立出版.

英文書籍

[12] Moller, Jesper and Waagepetersen, Rasmus Plenge (2004):Statistical Inference and Simulation for Spatial Point Processes. Chapman & Hall/CRC.

論文

[13] Araki, K., Shimatani, K. and Ohara, M. (2007):Floral Distribution, Clonal Structure, and Their Effects on Pollination Success in a Self-Incompatible Convallaria keiskei Population in Northern Japan. Plant Ecology 189:175–186.

[14] 粕谷英一 (2015):生態学における AIC の誤用. 日本生態学会誌 65, 179–185

[15] Kimura, K. and Kimura, A. (2011):Intracellular organelles mediate cytoplasmic pulling force for centrosome centration in the Caenorhabditis elegans early embryo. Proc. Natl. Acad. Sci. USA 108, 137–142.

[16] Koizumi, I. and I. K. Shimatani. (2016):Socially induced reproductive synchrony in a salmonid: an approximate Bayesian computation ap-

proach. Behavioral Ecology 27, 1386–1396.

[17] Kubota, Y., Kubo, H. and Shimatani, K. (2007):Spatial pattern dynamics over 10 years in a conifer/broadleaved forest, northern Japan. Plant Ecology, 190, 143–157.

[18] Shimatani, K. and Kubota, Y. (2004):Quantitative assessment of multi-species spatial pattern with high species diversity. Ecological research 19:149–163.

[19] 杉田久志，高橋 誠，島谷健一郎 (2009):八甲田ブナ施業指標林のブナ天然更新施業における前更更新の重要性. 日本森林学会誌, 91, 382–390.

[20] Tanimoto, H., Kimura A., Minc N. (2016):Shape-motion relationships of centering microtubule asters. J. Cell Biol. 212, 777–787.

[21] 谷本博一，木村健二，木村暁. (2016):核はどのようにして細胞の中心を見つけるのか？生物物理 56 (5), 271–274.

索　引

著者紹介

島谷 健一郎（しまたに けんいちろう）

統計数理研究所准教授

1980 年　神奈川県立希望が丘高等学校卒業

1984 年　京都大学理学部卒業

1992 年　京都大学大学院理学研究科数理解析専攻満期退学

代々木ゼミナール，大阪外国語大学留学生センターなどの非常勤講師を経て，1995 年からミシガン州立大学森林科学科へ大学院留学

2000 年　統計数理研究所助手

2009 年より現職

連絡先：　統計数理研究所：〒 190-8562 東京都立川市緑町 10-3

shimatan@ism.ac.jp

統計スポットライト・シリーズ 2

ポアソン分布・ポアソン回帰・ポアソン過程

2017 年 10 月 31 日　　初版第 1 刷発行

著　者　　島 谷　健一郎

発行者　　小 山　　透

発行所　　株式会社 近代科学社

〒 162-0843　東京都新宿区市谷田町 2-7-15

電 話　03-3260-6161　振 替　00160-5-7625

http://www.kindaikagaku.co.jp

藤原印刷　　ISBN978-4-7649-0546-7

定価はカバーに表示してあります．

【本書のPOD化にあたって】
近代科学社がこれまでに刊行した書籍の中には、すでに入手が難しくなっているものがあります。それらを、お客様が読みたいときにご要望に即してご提供するサービス／手法が、プリント・オンデマンド（POD）です。本書は奥付記載の発行日に刊行した書籍を底本として POD で印刷・製本したものです。本書の制作にあたっては、底本が作られるに至った経緯を尊重し、内容の改修や編集をせず刊行当時の情報のままとしました（ただし、弊社サポートページ https://www.kindaikagaku.co.jp/support.htm にて正誤表を公開／更新している書籍もございますのでご確認ください）。本書を通じてお気づきの点がございましたら、以下のお問合せ先までご一報くださいますようお願い申し上げます。

お問合せ先：reader@kindaikagaku.co.jp

Printed in Japan

POD 開始日　2022年2月28日

発　　行　株式会社近代科学社
〒101-0051 東京都千代田区神田神保町1丁目105番地
https://www.kindaikagaku.co.jp

印刷・製本　京葉流通倉庫株式会社